低風險創業

樊登的創業6大心法

樊登——著

PREFACE

序言

創業是件降低風險的事情

前兩天和《商業周刊》的創辦人金惟純先生吃飯，席間我向金先生匯報，最近寫了本書，書名叫《低風險創業》。還沒容我說詳情，金先生就說：「這個觀點好！我給你提供一個李先生的說法吧！」《商業周刊》當年是被李嘉誠先生全資收購的，而且金先生和李嘉誠先生也是要好的朋友。

金先生說：「李先生有一次跟我講，別人都說我善於冒險，其實講錯了。我這一輩子創業，沒有冒過一點兒風險。一開始做塑膠花，我在別人工廠裡幹過。這種花怎麼生產的，怎麼賣掉的，能賺多少錢，清清楚楚，我請的生產和銷售都比我過去工廠裡的還要好，怎麼可能不賺錢呢？大家說我投資房地產是冒險，其實根本不是這樣！我早幾年就開始研究那些標的了，我心裡很清楚它值多少錢。所以只是等一個最好的價格而已，怎麼會是冒險呢？產業配置也是一樣，風險只會愈來愈小嘛！」我聽完不禁感慨，我們自以為得了什麼靈感而體會的東西，人家早就身體力行了！

的確，很多人是被「風險和收益成正比」這句話給耽誤了。一種人因為相信這句話而懼怕風險，所以一輩子不投資、不創業，就連股票也不敢買。比如我爸爸，所有的資產都是定期存款，從20世紀80年代存到現在，為銀行做出了大量貢獻，可惜通貨膨脹吞噬了他大半的勞動成果。另一種人因為相信這句話而願意冒險，因為他們認定風險和利潤成正比，想改變命運，賭一把！

其實，這裡邊有個變數被大部分人忽略了，那就是能力！比如走鋼絲，對我們普通人來講，風險就很大。但對雜技演員來講，他們恐怕很難僅僅走兩圈就獲得掌聲，為什麼他們走鋼絲如履平地呢？因為人家練過，是專業人士，人家的能力強。我們冒險去開家塑膠花工廠可能是瘋了，但在80年代，李嘉誠心裡對創業很清楚，他有著關於塑膠花產業足夠的知識和經驗。所以，讓你的風險變大的絕對不是創業，而是你的無知、傲慢和不學習！

創業是一門手藝。它可以讓你像學走鋼絲一樣，透過大量的刻意練習，成為專業人士。做一個普通人其實風險很大，因為無論你有錢還是沒錢，人生中所要面對的困難都差不多，面對生老病死、迎來送往，誰也無法超然物外。一個月就那麼點兒工資，你自己心裡很清楚，要是真遇到了事情，肯定是無法應付的，只能祈求不要那麼倒楣罷了。

創業是一個不斷提高自己能力的過程，能力提高了，才能更好地應對生活風險。優秀的企業家從來都不是冒險的人，而是更善於控制風險的人。這本書中所講的方法我都用過，而且還用它幫助過很多人成功創業。成功的創業者有一個共同的特點，就是儘量不冒風險，抓住非對稱交易的機會。在我看來，低風險創業就是一場典型的非對稱交易。你能失去的最多是一份工作，大不了再找一份就好了。而如果成功了，那麼你將擁有一切。

最後叮囑一句，千萬不要賣房創業！

樊　登

2019年3月7日

於北京藍旗營

LOW-RISK ENTREPRENEURSHIP

目錄

CONTENTS

第一章

低風險創業的基本邏輯

所謂成功，無非就是逢山修路、遇水搭橋。我能給你的不是路和橋，而是修路的工程圖和搭橋的磚石原料，也就是低風險創業的基本邏輯和工具。路還是得你自己修，我只能從旁協助。

第二章

創業從找到好問題開始

有句老話叫「方向比奔跑重要，選擇比努力重要」。找到好問題是創業的第一步，你得主動去尋找問題，才能準確找到自己的創業方向。能不能解決、解決到何種程度，這些都是後話，前提是你得去尋找。

第三章

祕密是最好的抗風險武器

問題決定著市場的大小，而祕密決定著創業風險的大小。假如創業者選錯了要解決的社會問題，很可能因為市場太小賺不到錢；而假如祕密不夠，即便市場再大，你也可能賺不到錢，甚至連活下去都很困難。只有把握祕密，才能讓創業者擁有屬於自己的抗風險武器；祕密愈大，抗風險的能力就愈強，核心競爭力也就愈強。

第四章
反脆弱的結構設計

低風險創業的核心，其實體現在反脆弱上。創業是一個複雜的行為，沒有人能透過簡單的模仿複製別人的成功。任何創業祕密、商業節奏和團隊管理手段，離開了特定的環境和背景，都難以複製。真正能夠有效地幫助創業者降低風險的，是反脆弱的結構設計。

第五章 賦能生物態創業團隊

創業是一條孤獨而寒冷的路，只靠創始人一人的智慧和熱情難以持久，也容易迷失方向。你需要的是所有員工的光和熱，需要能夠實現生物態增長的團隊，需要「群智湧現」、彼此協同。只有大家抱團取暖，才能降低風險。

第六章 最優客戶發展方法：MGM

客戶的真正價值，在於他能為你帶來新的客戶，讓你的生意源源不斷。如果你認為客戶和你只做一次買賣，那你的生意永遠做不大，永遠無法抵禦未知的風險。當然，這是一門技巧，需要學習一些廣告學的知識。更重要的是，你得有能讓客戶尖叫的產品。

第七章
打造指數級增長的引擎

未來所有的公司都會是指數型增長的公司，加入其中便意味著擁有了未來。而如果你的公司一直處於線性增長的發展模式中，到最後你會發現，成本永遠比你的收入增加得更快，風險係數也會水漲船高。

附錄
低風險創業項目路演精選
每回課程收尾時，我都會留出專門的時間進行創業項目的路演，由我和其他創業領域的知名人士加以點評，希望能以自己的微薄之力，切實幫助創業新人，讓他們能夠走得更快更穩，風險更低。在此，我特意收錄了3個創業項目的路演實況，與大家分享。

參考文獻
用低風險創業幫助十萬個創始人（尚軍）

LOW-RISK ENTREPRENEURSHIP

第一章

低風險創業的基本邏輯

所謂成功，無非就是逢山修路、遇水搭橋。我能給你的不是路和橋，而是修路的工程圖和搭橋的磚石原料，也就是低風險創業的基本邏輯和工具。路還是得你自己修，我只能從旁協助。

低風險創業的第一個準備

近幾年來，身邊的創業者愈來愈多，我跟他們的交流也愈來愈多。時日一長，我發現了一件挺高興的事情——經常能給這些創業者一些有效的建議。當然，這也可能是我個人選擇性接收的緣故，那些失敗項目的創業者或許不太好意思再和我交流。但從大多數上來看，我輔導過的那些創業項目，基本上都活得很不錯，甚至有很多從不賺錢慢慢變成了賺錢的項目。

有朋友將原因歸結於「樊登老師的思想」，這聽起來有些嚇人。其實，取得這些成績根本不是我的功勞，而應歸功於書裡的思想。我會將我從各式各樣的書裡找到的和低風險創業有關的話題，還有日常生活中與其他創業者的交流心得，分享給那些找我做輔導的創業者。

①和父母關係的好壞，決定了創業成就的大小

在講低風險創業的相關方法之前，我想先和大家探討一個心理問題。所有的創業者最終能不能賺錢，能不能取得成就，有一個非常重要的決定因素，大家猜猜是什麼。這個因素就是你和你父母的關係。這對你能不能夠獲得最終的成就，有著極大的影響。所以，在面對很多找我做輔導的創業者時，我都會問他們：「你跟你爸媽的關係怎麼樣？如果你們發生了矛

盾，那麼該怎麼處理？」

為什麼這一點非常重要呢？要想弄明白原因，先來看一種奇怪的現象。我發現，許多創業者身上存在一個共同點——不允許自己過好日子。手上有點錢，只要最近過得比較順利，他就會想辦法把錢花掉，讓自己面對更大的壓力，持續享受這種高壓的創業過程。

我認識一位「60後」企業家。他曾是某國企的廠長，剛接手時，工廠非常破舊衰敗。經他多年努力，廠子日益興旺，在那麼小的一個城市裡，一年實現五六千萬的利潤，成為當地十分知名的一家大型企業。

即便如此，他卻從來不進行利潤分紅，這讓我十分費解。我覺得你既然掙了這麼多錢，分點紅讓大家改善一下生活多好。但是他不，他經常掛在嘴邊的一句話是：「我們要將錢投入下一步的發展。」

下一步的發展是什麼呢？買地建廠房。五六千萬看起來很多，但要想實現他的目標還遠遠不夠，怎麼辦？貸款。他一下就貸了好幾個億，買了一大片地，全都蓋上了廠房。這是一個封閉式循環，有了錢就買地建廠，錢花完了就貸款，到年底有了錢又繼續買地、建廠、貸款……做到最後，他發現每年的利潤正好用來還利息。

聽起來是不是有些荒唐？但是這位企業家覺得一點問題都沒有。他跟我說：「我的淨資產是優秀的，你只要把我的土地和廠房設備拿去拍賣，就會發現我的淨資產是正的，所以我的企業並不虧錢。」

從他的邏輯來看，他的企業確實有著優異的淨資產。但是，我想提醒各位創業者，做企業最重要的是現金流，而不是淨資產。如果你的現金流永遠處於緊繃的狀態，一旦出現銀行抽貸的風險，那麼你就會很慘。

中國有很多失敗的創業者都是如此，他們長期依靠貸款或小額信貸維持現金流。有的創業者甚至會為了借５０００塊或８０００塊錢發工資，讓員工們再撐一口氣，去承擔超高的利息。突然有一天，銀行說貸款到期了，不能再批新的貸款了，他們就會被最後一根稻草壓垮。直到此時，他們才會發現，原本被寄予厚望的土地和廠房，在二次拍賣時根本不值那麼多錢。

我經常思考，為什麼這位企業家就是不分紅呢？明明有分錢的機會，他完全可以不買地建廠，保持現有經營規模，日子一樣能夠過得很好。企業每年都能掙幾千萬，這是一件多麼令人開心的事情。既然擁有如此禁得起考驗的盈利能力，完全可以上市融資，走上截然不同的發展道路。

但是他認為不行，他有著極其堅定的立場，很難聽進其他人的意見。後來我發現，這是他的童年造成的問題，他在很小的時候被他的父母傷害過。

以前，一些地方的農村有一種很不好的風俗。因為條件所限，那時候新生兒的存活率比較低，誰家的孩子眼看著養不活了，大人就會將孩子放在自家門口，任其自生自滅。他小時候身體較弱，十歲那年得了重病，父母便給他換上了一身黑衣服，讓他獨自坐在家門口。

可能是求生意願比較強烈，也可能是命不該絕，他後來被人救活了，身體很快好轉，最終順利長大成人。但是，「他曾經被人放棄過」這個畫面卻一直深深地烙在他的腦海中，無法磨滅。雖然，他後來依然很愛他的父母，現在想起他早已去世的老母親還是會傷心，但那個畫面讓他此生難忘。

正是由於這種經歷，他後來無法享受生活的幸福。一旦有了錢，日子稍微好過點了，他就一定會想辦法把錢花掉，沒完沒了地折騰自己。

印象中最誇張的一件事，是他得了腰椎間盤突出，每天疼得死去活來。我們看著實在心疼，讓他趕緊去醫院看病，但他從來不聽。老爺子脾氣特別倔，即便我們將車停到樓下，他也不肯上車去醫院。

被問及原因時，他特別得意，跟我們說：「你們誰都無法承受我這樣的痛苦。瞧我的壓力多大，銀行天天催我還貸款，每天腰還疼得要死要活，想自殺很多次了，你們這些小輩誰都承受不了。」

你們能理解他內心深處的想法嗎？他以承受痛苦為榮，覺得承受痛苦本身是件很酷的事情，得意於自己承受的巨大壓力和身體痛苦。

一開始，我並不認為這位企業家的經歷有代表性，但在後來認識了愈來愈多的創業者之後，我發現大量的創業者都存在這種情況。以至於我會問每一個找我輔導的創業者：「你跟你爸媽的關係怎麼樣？」

我認識一個很富有的房地產商，擁有非常壯觀的五星級酒店，但是每天都過得極其焦慮，生活品質很差。開始時我覺得很奇怪，慢慢熟悉之後才明白：他和父母的關係有問題。

有一天，我問他：「你跟你爸媽的關係怎麼樣？」

他說：「哎呀，往死裡打。」

他說這話的意思是，小時候他的父親經常往死裡打他，導致他與父母的關係很差，以至於後來每次他跟他母親見面時，都會吵架，吵完之後又覺得很內疚，但下次見面時兩人還是會吵架。

說到這裡，或許你能明白我為什麼要在一本以創業為主題的書中，開篇先說創業者與父母的關係。很多創業者歷經千辛萬苦，九九八十一難，眼看著要修得正果，但就是輸在最後一關上。他們不是拿不到錢，就是拿到了錢便揮霍一空。所以出現這種問題時，大家需要反思一下和父母的關係，反思一下你們是否擁有一個幸福的童年。

人永遠都會下意識地選擇自己最熟悉的那條路。如果你小時候熟悉的路線是痛苦和壓力大，每天腎上腺素的分泌都十分旺盛，分泌量比一般人高好多，那麼你在創業時，二話不說就會選擇那條讓你感覺最痛苦的道路。反之亦然，如果你小時候熟悉的是安享、喜悅、快樂和自信，那麼你就會很自然地選擇那條安全、舒適的創業道路。

當然，如何解決這個問題不是這本書的主題，這本書的主題是低風險創業。但我依然希望創業者能夠理解我說這件事的初衷。一旦弄明白這個問題，你可能會獲得完全不同的創業體驗。

②重新認識和父母的關係

如果你擁有一個幸福的童年，自然再好不過，但如果非常不幸，你的童年是灰色的，那麼又該如何是好？誰也無法改變發生過的事，你能做的是重新認識你和父母的關係，發自內心地學會感謝父母，為此你得跟父母和解。跟父母和解，不是說「我原諒你」這麼簡單，你沒有資格去原諒父母，他們對你所做的一切都是對的，並不需要你的諒解。

或許看到這裡，有的讀者會問：「按照你的說法，我的父母經常打我，難道這也是對的嗎？」我的答案很簡單，就一個字——「對」。因為在那個具體的時間節點和場合環境下，受限於他們的認知體系，他們能做的最好選擇就是打你，這是他們的認知局限決定的。

不知道你們小時候，是否經歷過父母為了兩塊錢吵架的事。現在看來，似乎不可思議，怎麼會有人為了兩塊錢吵得面紅耳赤？這樣的事情如果攤在你身上，你可能會覺得很丟臉，感慨我的童年怎麼這麼痛苦。對此，我的舅舅很有發言權。

舅舅經常跟我講，小時候他家裡很窮，上學需要交兩塊錢學費，可是他爸爸不願意給他。當然也可能是手頭確實緊張，他爸爸便騎著自行車躲了出去。為了這兩塊錢，他一路追著他爸爸的自行車，追了整整兩站公車距離，把他爸爸氣得不行，最後將錢甩在他的臉上，揚長而去。

每次說到這裡，舅舅總是咬牙切齒地跟我說：「我恨他，一輩子都恨他。」由於一輩子都無法和父母和解，舅舅一直不太幸福。他沒法理解自己的父親為什麼會對這兩塊錢如此看重，甚至超過了孩子的學業。

可是換個角度，他的父親肯定有著自己的局限性，他那時可能真的要用這兩塊錢給家裡買米、扯布或買其他急需的東西。在這種情況下，他會覺得孩子的學費是負擔，他會生氣，會大吼大叫，甚至打我舅舅。

每個人都有著自己的認知局限，我們必須理解父母在認知局限下做出的選擇。對此，你唯一僅有一種正確的對待方式，那就是感謝。當你能夠發自內心地感謝你的父母，你才能跟整個世界和解，淡定地走上創業的道路，真正地透過創業賺到錢。否則，不管付出多少努力，你都有可能出現較大的創業風險和危機，結局都不會太好。

切記，這是我給所有創業者的第一個忠告。

性格決定創業的風險

在上一節裡，我們重點探討的是你和父母的關係，這一小節的重點則是你的性格。每個創業者到最後都會發現，性格對創業的影響是最大的，這也是創業的基本邏輯之一。說到創業者的性格，我想先跟大家介紹三個生理學上的概念——催產素、腎上腺素和皮質醇。

①催產素

催產素是大腦產生的一種激素（hormone、荷爾蒙），男女都有。對女性而言，它能在分娩時引發子宮收縮，刺激乳汁分泌，並促進母嬰之間透過愛撫建立起母子聯繫。催產素是人與人之間親密關係的起源，戀人們會渴望擁抱、親吻，正是由於催產素在起作用。當人體內的催產素含量上升時，除了會隨之釋放大量能夠緩解壓力、延緩衰老的激素，還能促進細胞新生。

簡單說來，當你感受到愛的時候，你才會分泌催產素，而催產素能讓你心情愉快，用最大的善意擁抱這個世界，擁抱創業的過程。

②腎上腺素

腎上腺素是由人體分泌的一種激素。當你經歷某些刺激，或者承擔巨大壓力時，你的身體就會分泌這種化學物質。它會讓你的呼吸加快，心跳與血液流動加速，為身體活動提供更多能量，使你的反應更加快速。

什麼情況下需要你的反應更快？那就是遭遇危機時。當你挑戰危機、感覺其樂無窮的時候，依靠的就是腎上腺素的神奇力量。腎上腺素會讓你處於興奮的狀態。當你每天面對的都是「挑戰還是逃避」這樣的困境抉擇時，創業風險係數就會比較高。

③皮質醇

皮質醇俗稱壓力激素，是腎上腺皮質在緊迫反應裡產生的一種激素。體內出現過多的皮質醇會讓你的血糖升高、食慾增加、體重上升、性慾減退以及感到極度疲勞等。之前我在網上看過一些文章，說「創業者沒有性生活」。這種情況的出現，除了創業者確實很忙，沒有時間和愛人相處，很大一部分原因還在於他們的皮質醇水準偏高。

此外，皮質醇水準偏高還會讓你比其他人更容易焦慮、發飆、莫名其妙地生氣，很多創業者後來得了癌症、抑鬱症或心血管疾病，其實都與皮質醇的分泌量過高有關。而催產素可以抵消皮質醇的負面作用，所以你得找個人愛你，你才能分泌催產素，變得淡定、愉快。

有一句老話，叫「性格決定成敗」，我對此十分認同。你的性格如果十分易怒，總是處在與人爭鬥的狀態中，你的腎上腺素就會分泌旺盛，皮質醇指數就會變高，你就更容易焦躁不安、發怒。這是一個惡性循環，對於創業者而言也是一個「死結」。這不僅會讓你的創業過程充滿艱辛和風險，還會危及你的身體健康。

反言之，如果你的性格較為平和，帶著愛與希望創業，那麼你便更容易分泌大量的催產素，自然地接受新生事物，帶著快樂的心情面對創業中可能出現的各種問題。這樣一來，我在後文為你介紹的那些創業方法和工具，到你手裡就會威力大增，正如我曾經輔導過的文晶。

文晶是我的小師妹，小姑娘在學校時就非常出色，成績很好，人也很上進，每天都保持特別愉快的心情，為人處世一點就透。剛創業時，由於沒有經驗，也沒掌握創業的正確方法，公司一年虧損了１０００萬元人民幣。相信很多創業者聽到這個數字，可能連覺都睡不好，但是文晶的心態很好，在找我做輔導的時候，時刻保持著微笑。

我跟她的交流雖然沒花太多時間，大概用了不到三天，但整個過程十分愉快。一年之後，她跟我報喜，說是聽了我的建議，調整了思路和方法，找到了創業的新方向，公司現在的年利潤是1500萬元。

老實說，我在輔導任何一位創業者時，所花的時間都沒有超出三天。樊登讀書投資的專案和我個人參股投資的專案，都是如此。有時甚至連三天都用不上，面對面聊三個小時就足夠了。三個小時，已經足以讓我的談話對象將創業的六大步驟弄明白，這也是完完整整讀完這本書的時間。你能從我這裡學到低風險創業的基本邏輯、原理和一些常用的工具。剩下的事情，則和你的性格息息相關。

我喜歡愉快的生活，喜歡賬上有現金的日子，喜歡每天都開開心心的狀態。我曾經跟樊登讀書的聯合創始人郭俊杰說：「我們最好能將公司掙的錢全買成理財產品，選最保險的那種，年化收益6%就足夠了。如果有一天，這6%的收益足夠給全公司發工資，我覺得就已經算是到位了。」

當時樊登讀書遠沒有現在的規模，這個想法只能算是兩個創始人之間的玩笑。如果換了其他戰鬥型聯合創始人，那麼他們可能會說我不思進取、小富即安。之所以我會和郭俊杰開這樣的玩笑，是因為他和我一樣，也是一個性格很好的人。他跟他媽媽的關係很好，我經常聽他和他媽媽打電話，語氣非常輕鬆愉快。他們從不吵架，有問題就好好聊，從這些方面就可以看出他是一位心理健康的年輕創業者。

順帶說一句，最近郭俊杰又找到了我，跟我說：「樊登老師，現在差不多了，樊登讀書僅靠利息就能活下去了。」你看，性格好的人，創業的結果往往壞不到哪兒去。

優雅地解決一個社會問題

在我看來，低風險創業的底層邏輯有很多，其中最為核心的當屬「優雅地解決一個社會問題」。這句話不是我自創的，而是受益於我曾聽過的騰訊聯合創始人張志東的一堂課。

張志東的課講得很棒，大家若是有機會不妨也去聽聽。在他看來，騰訊那些得到過董事會支援的大專案，像騰訊的商城、電商等，含著金湯匙出生，要錢有錢，要人有人，萬事俱備卻一直發展得不溫不火。反倒是微信這種前期並不太受董事會關注的產品，因為能夠優雅地解決一個社會問題，才真正影響了尋常百姓的日常生活。

馬化騰在點評微信時，用了一句很有意思的話：「微信為什麼是好產品？就是因為它沒有透支QQ的流量。」在很多創業者看來，利潤是企業發展的終極目標，不賺錢的企業不是好企業。如果按照這個標準，那麼微信剛推出時就應該從已有的QQ用戶中直接導流，快速商業化。基於QQ龐大的用戶基礎，讓微信贏利是一件很簡單的事。幸運的是，這一切只是如果。在馬化騰和張小龍的堅持下，微信至今仍保持著優雅的身姿，擁有了創紀錄的10億日活量。

Google（谷歌）公司的口號是「完美的搜尋引擎，不作惡」（The perfect search engine, do not be evil.），我一直以來都很欣賞這句話，它恰好體現了本節我想講的兩個關鍵點：「優雅」和「解決一個社會問題」。

①優雅

Google公司的優雅體現在「不作惡」上，而它也確實解決了網路用戶長期存在的搜索難題。

2019年年初，我在太原演講的時候，有一個做知識付費的同行問我：「樊登老師，你們現在的個人版App已經擁有了1400多萬的用戶，App的週活（當週啟動應用用戶端的用戶數）大概幾百萬，你們還做了老年版、少兒版、企業版、創業版等，這些版本為什麼都要單獨做一個App，而不是在母App裡邊幫它們開一個入口？這樣流量不是能直接導過去嗎？既省成本，效果還很明顯。」

這是典型的傳統行銷思路，和我一直以來秉持的優雅原則不符。如果用導流的方法孵化新產品，萬一產品有問題，你連修改的機會都沒有。我從來沒想著一口吃成個胖子，從剛開始做樊登讀書的時候就是這樣。我每月一般會進行兩次大型演講，剩下的時間就窩在北京看書，北京分會老想約我都約不著。即便如此，樊登讀書照樣過得很好，增長的速度非常快。因為這件事情做對了，我們在一個正確的時間點，以正確的姿態，解決了一個真實的社會問題。高速增長從來不是我們追求的目標，只是必然的結果，是順理成章、水到渠成的事情。

②解決一個社會問題

前文說的都是優雅，接下來，讓我們聚焦於後半句話——如何解決一個社會問題。解決的前提是發現，你只有找到這個問題，才有可能解決它。

有一次，一位創業者來跟我聊天，我兒子嘟嘟在旁陪同。這位創業者跟我講了一大堆目前遇到的困難，我還沒說話，嘟嘟就張口道：「首先你得找到一個問題。」嘟嘟總是聽我跟別人聊創業，次數多了，就知道了我的模式。

如何才能準確找到一個問題呢？我建議大家讀一本書，叫做《經營者養成筆記》，是UNIQLO（優衣庫）的老闆柳井正寫的。這本書給了我很大的啟發。柳井正說：「這個世界上所有偉大的公司，都是因為解決了一個巨大的矛盾才有所成就。」什麼是巨大的矛盾？比如大家都希望衣服又好又便宜，也就是老話裡的「物美價廉」。其實這就是一個非常典型的矛盾，「物美」的背後需要物料、人工、管道、物流等各方面配合，這決定了它的成本居高不下，如果「價廉」就會虧本。這是一般人的思路，也就是「一分錢一分貨」：如果你想要買品質好、樣式新穎的衣服，就得選擇知名品牌，但這些品牌的衣服價格不便宜；如果你追求的是低價，就得去批發市場，一件衣服幾塊錢，品質方面卻存在很多問題。

但柳井正並不這麼看，在他眼中，「經營的本質就是遇到矛盾，然後解決矛盾。所有偉大的創新都是完成不可能的使命，在不可能之河上架起一座橋。」創業者最重要的力量就在於正視矛盾、解決矛盾，而不僅僅是發現。

UNIQLO解決的正是在成衣領域「物美」和「價廉」的矛盾。他們透過各方面的努力和協調，能將一件西裝賣到幾百塊錢，品質還非常好，穿個一兩年都不會變形。我的正裝大多都是從 UNIQLO 買的，襯衣、西褲整套下來只需要幾百塊錢人民幣。

說完 UNIQLO，讓我們再將目光轉向醫藥領域。前段時間有部電影引起了社會各界的廣泛思考，叫《我不是藥神》。影片講述了一位藥店店主的故事，聚焦的正是醫藥領域的巨大矛盾——天價藥。為什麼電影的主人公程勇要從印度買治療白血病的藥？因為印度的藥品便宜。在這裡，我跟大家介紹一個在各國商學院都會被講到的案例——Ranbaxy Laboratories Limited（蘭貝克賽實驗室有限公司）的發展模式。

蘭貝克賽是印度的一家製藥公司，面對印度大量處於金字塔底層的窮人消費者，蘭貝克賽可謂將「發現矛盾並解決矛盾」的創業核心邏輯發揮到了極致。

由於很多藥品的研發費用居高不下，大部分新藥都有20年的專利保護期，以確保研發企業能夠將其成本收回，同時還能獲利，這也是很多藥品價格昂貴的原因所在。一旦有新藥問世，蘭貝克賽公司就會對這種新藥進行反向研究，搞清楚它們的製作原理。接著就是等待，一直等到這個藥品的專利保護期到期或者快到期時，蘭貝克賽公司就開始大批量生產，將藥品價格降到不可思議的程度。

經過長期的積累，印度藥品已經擁有了成規模的研發體系和極其成熟的生產管理體系。撇開研發成本不談，僅僅是生產成本，印度的藥品就要比西方發達國家的藥品低很多。

和 UNIQLO、蘭貝克賽一樣，滴滴、美團和 Airbnb 等網路新型企業，解決的全是巨大的社會矛盾。降低創業風險，其實並不是一件很難的事情，找到這樣的矛盾去克服它就可以了。如果你連克服這個矛盾的動力都沒有，不願意去研究、想辦法解決這個問題，那麼你的創業之旅注定充滿坎坷和荊棘。

發明人創業十分危險

曾有學員向我求助，說：「樊登老師，我們是做奈米材料的創業團隊，成本很高，以至於推廣起來困難重重。但我們很看好這個領域，您能幫我們想想辦法嗎？」

我隱約察覺到問題所在，便問他：「你們是不是幾個發明人一起創業？」

這位學員有點吃驚地看著我，說：「樊登老師，您一眼就看出來了。我們是一個由發明人組成的創業團隊，大家都是博士，做奈米材料已經十幾年了，但就是找不到突破口。」

聽到這裡，我有些遺憾地告訴他：「你們要當心了，發明人創業風險很大。」

為什麼發明人創業風險很大？因為他愛的不是他要去解決的社會問題，而是他的發明。一旦遇到問題，他想的不是最好的解決方案，而是不管如何，我就是要將我的發明推廣到世界的每一個角落，即便撞到南牆我也不回頭。

人們經常說：「不到黃河心不死。」可發明人在創業時往往「到了黃河心也不死」。我見過很多發明人的創業案例，取得好成績的寥寥無幾。根源在於很多發明人只關心自己的發明，而不關心這個發明到底能解決哪種社會問題。

最典型的例子是我曾經見過的一個項目。有人發明了一件很有意思的東西——自動罩車機。透過各種途徑，他找到了我們，說是用了10年時間才搞出這一項發明，想讓我們給他投點資金。

一聽花了10年時間，我肅然起敬。現在能耐下心來好好研究產品的人確實很少了。於是，我問他：「你發明罩車機的目的是什麼？」

他跟我說：「我經常看到有人在路邊罩車，操作起來相當麻煩，有時一個人還完成不了，需要兩個人配合才行，會浪費很多時間。你看我這個發明，操作起來很簡單，只要把罩車機放到車頂上，按一下遙控器，就能自動把車罩上，再按一下就能自動收起，將車罩放入後車廂，不僅便於操作，攜帶起來也很簡單。」

我又問他：「那你希望我給你們投多少錢？」

他一臉自豪地問我：「我們團隊給這個發明的估值是1億，您如果想投資，可以打點折，怎麼樣？」

我這個人比較直接，便對他說：「多謝你的好意，但是非常抱歉，我並不看好你的這項發明，一分錢也不會投。我覺得露天停車本就該面對風吹、日曬、雨淋，壓根兒不需要車罩，而且我家還有地下車庫，你的自動罩車機完全沒有用武之地。」

他有些不服氣，反駁道：「您的情況有些特殊，可能確實沒有罩車的需求。但我們做過調查，2018年全中國新登記的機動車有3172萬輛，機動車的保有總量已達3.27億輛，這是一個非常龐大的潛在市場。全中國只要有1／10的車主罩車，我們就能有3000多萬的潛在客戶。」

聽到這裡，大家覺得他的邏輯是不是有些道理？是呀，全中國有3.27億輛車，他只要占有1／10的市場，就是3000多萬單的大「蛋糕」，這可是一門大生意，我完全應該對他們進行前期投資。大家別著急下結論，先聽聽我的看法。

我對他說：「你的發明存在幾個明顯的問題。第一，1／10的車主會罩車，這是你們想當然得出的資料，我覺得實際上達不到這個人數；第二，在會罩車的車主裡邊，很多都是偶爾才罩一次車，這並不是高頻率行為；第三，你們發明的自動罩車機，需要放在車頂上，肯定會被人看見，被偷走的機率很大；第四，車罩收起時放在後車廂裡，這太耗油了，性價比較低。」

我為他發明的這款自動罩車機做了較為詳細的點評，也希望他能找準要解決的社會問題。可是，不管我如何勸說，他都難以接受。為什麼會這樣？因為他創業的目的根本不是從解決社會問題出發，而是從發明本身出發。當他愛上了自己的發明後，一天到晚鑽研的都是這個發明，而忘記了發明的目的應該是有效解決當前存在的社會問題，而不是帶來新的社會問題。

說起發明，大家的腦海裡可能會直接蹦出兩個名字——愛迪生和賈伯斯。湯瑪斯・愛迪生並沒有發明燈泡，但他的團隊發現了燈絲，這種燈絲能放射出美妙且持久的光芒，於是人類的夜生活開始變得豐富多彩。同樣，史蒂夫・賈伯斯也沒有發明智能手機，但他卻顛覆了手機在大眾心中的固有認知，用他的話說，叫「重新定義了手機」。

不知道大家是否記得過去的智慧手機的模樣？諾基亞（NOKIA）的智慧手機是實體鍵盤，也就是所有的鍵位都放在手機上。由於按鍵太小，很多人為了更靈活地使用，不得不將指甲削尖，這明顯不符合人體工學原理。

一些用戶將問題回饋給諾基亞總部，得到的回覆卻是「想實現電腦的功能，就得有電腦的鍵盤」。這幾乎成了當時智慧手機行業通行的法則，無論諾基亞、高通，還是後來流行一時的黑莓手機，都是如此。

然而，賈伯斯從來不是一個循規蹈矩的人。他給設計團隊下達的命令是「如果你們做不到用一個鍵解決所有問題，你們這個團隊就就地解散」。為此，賈伯斯充分展示了他「暴君」的一面，砸壞了很多手機樣本，經常對設計師大吼大叫。目的只有一個，就是把那個圓形按鍵做出來。最後，他成功了，手機發展史就此改寫。

張小龍引用過亞馬遜（Amazon）創始人貝佐斯的一句話：「創新不是基於推理，創新是為人服務，你要不計一切代價展示聰明還是選擇善良？」對此，我深以為然。當某項發明僅僅是為了展示創業者的聰明才智，而非以社會存在的問題為出發點，這種創業在大部分情況下會以失敗告終。這就好比市面上氾濫的各種「智慧產品」。它們真的智慧嗎？真的能夠方便百姓的日常生活嗎？還是僅僅為了套上技術創新的標籤，最後卻被市場遺棄？這是所有創業者都應該思考的問題。

創業是一件令人愉快的事情

若是問一個人，你想輕鬆獲得成功還是想透過艱苦奮鬥獲得成功。大家當然會坦然地選擇前者。但是他在實際生活中都是往艱苦的方向走的。為什麼？因為他在潛意識中就不接受「人可以輕鬆愉快地獲得成功」這個觀點。很多人從小到大被父母、老師、校長種下了一個必須忍辱負重的魔咒，都相信「吃得苦中苦，方為人上人」，這讓他們打心眼裡不相信一個人可以很輕鬆、很愉快地創業並取得成功。

瑞士心理學家卡爾・古斯塔夫・榮格的那句話振聾發聵：「你的潛意識指引著你的人生，而你稱其為命運。」如果你在潛意識中根本不相信創業可以很輕鬆、很愉快，那麼就無法做到高速地增長，無法愉快地享受這一切。

我曾跟無數人說過：「我做樊登讀書時感覺非常輕鬆和愉快。」但卻少有人相信，就連我媽都說：「不可能，你的心理壓力肯定很大。」

我跟她反覆說明：「是真的，我幾乎沒有什麼心理壓力。」大家猜一下她的回答是什麼？她說：「你是裝的。」

說心裡話，我的創業過程確實相當輕鬆，我從來沒簽過一份合約，沒有面試過一個人，連報銷單都沒簽過一份，公司卻一直保持著每年10倍以上的高速增長。

我每天做的事情，就是在家裡邊好好讀書，讀完書後分享給樊登讀書的用戶，剩下的時間就用於陪孩子和家人。如果你真的相信創業可以很輕鬆，那麼你就真的可以像我一樣做到。

培訓界有句老話，叫「相信才能看得見」。因為相信樊登讀書正在做的事情能夠為社會做出貢獻，所以我相信社會會接納我所做的東西；因為相信人性本善，所以我相信員工很容易管理；因為我相信讀書可以點亮社會，樊登讀書的所有員工也相信這件事，所以我認為他們能夠比我做得更好。同時，我相信我的管道商和我一樣是理想主義者，他們也願意為更多的人讀到更多的書做出貢獻。我相信這一切，所以才能輕鬆愉快地跟很多人溝通，而不是花大力氣去監控公司的整體運營。

假如你不相信這件事情，你的第一反應肯定是：既然下定決心創業，就要做好吃苦的準備，千難萬險也要走下去。創業必然危險的觀念已經在你腦海中先入為主。這樣一來，你的苦日子便正式開始了。首先，你得想辦法震懾你的員工，如果你沒有一定的威懾力，那麼員工就會忽視你，各種管理問題便會層出不窮；其次，你要想辦法籠絡經銷商，因為經銷商大多各懷鬼胎，會想盡辦法占你的便宜；最後，你還要想辦法征服客戶的心，因為現在的客戶愈來愈挑剔，會無限放大你的產品的缺點。

靜下心來想一想，你用了大量的力氣，做的是什麼呢？你在不斷激起員工、經銷商和客戶的惡意。

西方管理學大師彼得・杜拉克曾說過這樣一句話：「管理就是最大限度地激發他人的善意。」如果創業者在潛意識中帶有大量的鬥爭色彩、艱苦意識以及人性本惡的假設，那麼他所做的各種各樣的事情都會不自覺地引發他人的惡意，讓企業時刻面臨巨大的風險。你會發現做事愈來愈難，風險愈來愈大，這種感受又會反過來驗證你的潛意識，形成一種惡性循環。反之，如果創業者內心相信自己在為社會做貢獻，社會也不會虧待你，此時你會發現周圍與「你」為善的人愈來愈多，你會慢慢把身邊的人都變成好人。

所以，我希望創業者先從心理層面調適自己，當你心中有了足夠的陽光和力量，才能讓創業的旅途光明起來。可能會有人覺得，我的建議聽起來很簡單，但無從下手。沒關係，你只要記住我的一句話就行了：把創業視為人生的修煉。

如果你一直將創業視為養家糊口的生計，視為跟別人比拚誰更厲害的武器，或者視為金錢的遊戲，那麼你的人生一定是不停起伏的。生命不息，起伏不止，這是一件挺可悲的事。

但是，如果你能將創業視作人生的修煉，那麼你要做的就是保持創業過程的愉快，能否賺到錢只是副產品。如果能賺到錢最好，你可以放心愉快地享受生活。即便你確實沒賺到錢，甚至賠了老本，也別太在意。你可以享受歲月的艱辛，享受每一次微小成功帶給你的愉悅感。當你有了這樣的想法，即便狂風暴雨真的出現，你也能夠享受雨過天晴後的新鮮空氣和絢爛彩虹。

不知你們是否懷念過剛開始創業時的日子？那時的你到處跑客戶，好不容易談下一個客戶，就能讓你異常興奮，在路邊吃一碗拉麵慶祝一下。我這麼說，或許會讓很多創業者會心一笑。是呀，哪個人的創業過程不是生於毫末？就連任正非也有親自跑客戶的時候。很多人都會特別懷念那段艱苦的歲月。但是，當這種艱苦真的在你身邊發生時，很多人又會哭爹叫娘，這本身就是一種不成熟的人生觀。

一旦你能將創業視為人生修煉的過程，你會發現，創業這件事本身就是一件令人愉快的事情，不賺錢才是你修煉最快的時候。

第二章

創業從找到好問題開始

有句老話叫「方向比奔跑重要，選擇比努力重要」。找到好問題是創業的第一步，你得主動去尋找問題，才能準確找到自己的創業方向。能不能解決、解決到何種程度，這些都是後話，前提是你得去尋找。

從抱怨中發現低風險創業的機會

前文提到，低風險創業的核心邏輯是「優雅地解決一個社會問題」，而解決問題的第一步在於找到問題。那麼，如何找到問題？你應該去哪裡尋找低風險創業的機會呢？我總結了三點：抱怨、洞察和體驗（見圖2-1）。在這一節裡，我們主要來說說「抱怨」。

在我看來，創業者在尋找問題時最應該做的事情，就是經常收集抱怨，你要看到身邊有哪些人在抱怨哪些事情，這是非常重要的一條創業途徑。

很多人一聽到「抱怨」這個詞就生氣，說「這是負能量」、「經常抱怨的人沒有未來」、「不許抱怨」。殊不知，在說「不許抱怨」的時候，你或許已經與一大筆財富失之交臂。要知道，抱怨中很可能含有很好的低風險創業機會。

Facebook最早只是哈佛大學校園內部的產品。我記得馬克・祖克柏在接受採訪時曾透露，當

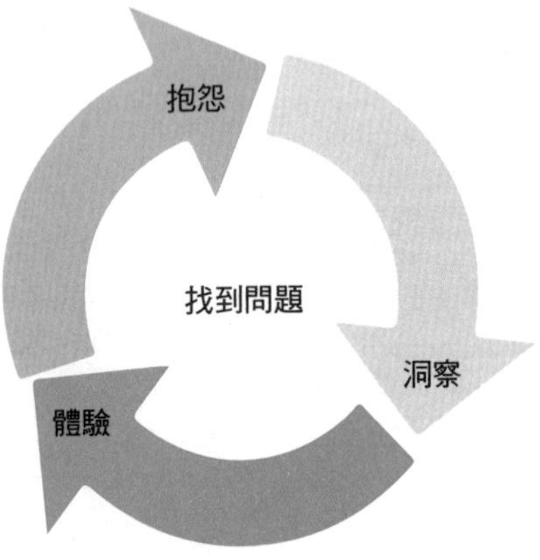

圖 2-1　找到問題的三大靈感來源

時他聽到很多同學抱怨，說尋找其他同學的聯繫方式有時很難，應該有個哈佛大學的花名冊（Facebook），而要以學校的層面來推動這件事顯得尤為困難。祖克柏覺得自己能比學校更快更好地做出來，Facebook就是這個抱怨的產物。

我可以再舉幾個大家身邊的例子，比如經常外出辦事的人抱怨「打車愈來愈難」，所以有了滴滴打車，有了共用出行；早晚高峰上下班的人抱怨「以地鐵口到單位的路程太遠，經常遲到」，所以有了ofo和摩拜，有了紅極一時的共用單車業務——儘管這個項目現在處境艱難，但我依然認為戴威他們確實找到了很好的創業方向，只不過步子邁得過快；再比如過去經常有人抱怨「速食麵不好吃，總是那幾種口味，經常吃不健康」，所以有了美團和餓了麼，有了現在異常火爆的網路外賣行業。

其實，樊登讀書也是抱怨的受益者之一。大家在逛書店時，應該經常聽到有人抱怨「這麼多的書，根本沒法挑」，這句抱怨有沒有讓你聯想到什麼？你是不是想過應該每週給有需求者推一本書。這不就是樊登讀書正在做的事情嗎？當然，在此基礎上，樊登讀書又做了很多延展和創新，但靈感的來源正是這些愛抱怨的愛書人。

這句抱怨的解決方案可能有很多，樊登讀書想到了其中一種，而日本的森岡督行想到了另一種。

日本銀座有一家線下實體書店，叫森岡書店，一週就賣一本書。這間只有15平方公尺的書店，全部由店主森岡督行一人策劃設計。書店的內裝擺設堪稱極簡：一盞燈、一個柚子、一張桌子、一個老式櫃檯、一部電話、一本書、一個人。這就是你能看到的所有裝飾，給我留下了極其深刻的印象。聽說這種設計風格還讓森岡書店獲得了2016年的IF設計大獎。在這裡，愛書的人們不必擔心選擇太多而無以下手，一週只賣一本書反而讓讀者更堅定了自己的選擇。

森岡督行曾任職於一家舊書店，做了8年之後，他有了自己開店的想法，而後用盡積蓄開了一家舊書店，也就是森岡書店的前身。當時那家書店大概有50多平方公尺，擺放了200多本書。大家要知道，圖書的利潤很低，單純賣書其實掙不了多少錢。儘管森岡督行竭力經營這家書店，但這家書店最後依然難以為繼。

後來這個小夥子想：我能不能每週就賣一本書呢？比如這週我賣樊登的《低風險創業》，就在書店正中的桌子上擺滿《低風險創業》，周圍堆著《低風險創業》，牆上全是樊登的大幅海報，讓讀者知道《低風險創業》這本書的重要性。

在確定了經營模式之後，更重要的事情是如何選出每週的主打書。這可不是一拍腦袋就能決定的事情，銀座的租金有多貴，相信大家都知道。儘管森岡書店的面積只有15平方公尺，可是對書店來說，其租金已經是極為高昂的成本。一旦主打書選得不好，沒有贏得顧客，很可能這週就會虧本。

為瞭解決這個問題，森岡督行和他的團隊閱讀了大量的圖書，羅列出圖書的出版資訊、作者資訊、其他書店的銷售資訊、使用者的讀書興趣等，從中找出讀者可能最感興趣或最想推薦的書。

光找到一週的主打書還不夠，森岡督行還會為這本書的作者舉辦活動，開發周邊產品，力求將書讀透，將其完整地呈現給顧客。

聽起來，這就像是一次非主流的實驗，最後的結果如何呢？每個進店的人幾乎都會買一本本週的主打書。森岡書店至今已經營了10多年，生意一直很好。

這就是抱怨中潛藏的創業機會。每當你聽到身邊有人在抱怨的時候，你都可以想一想，有沒有可能從這個抱怨中找到未來發展的路。能想到解決方案自然最好，實在想不到也沒有關係，起碼你鍛鍊了自己的商業嗅覺和思維能力。儘管暫時還沒有找到合適的辦法解決某種抱怨，但隨著時代發展的腳步，或許某種新興科技的出現就能讓你找到合適的解決方案。要知道，如果智慧手機和行動網際網路沒有普及，肯定也不會有今天的樊登讀書。

現在開始，仔細傾聽身邊那些抱怨的聲音，從這些聲音中找到客戶真正需要的點，然後著手解決。低風險創業，有時就是這樣簡簡單單地開始的。

深入洞察客戶的生活和靈魂

說完了抱怨，再來看看洞察，這是找到問題的第二個靈感來源。很多市場機會其實無法從人們的抱怨中獲得，這時就需要用到洞察。

賈伯斯曾經說過一句頗為經典的話：「我們不會到外面做市場調查，只有差勁的產品才需要做市場調查。」客戶永遠只會對自己已知的事物有需求，並且需求主要表現在更好、更多、更快、更便宜等方面，難有其他更多的需求。

當年大家在用諾基亞和摩托羅拉（motorola）手機時，有沒有想過手機只需要一個鍵就能實現全部功能？壓根兒想不出來，大家能想到的只是手機的品質能不能更好、電池能不能更耐用、價格能不能更便宜、外形能不能更亮麗……可以說，在這些方面諾基亞已經做到了極致，然而它依舊敗給了賈伯斯的顛覆性創新。

賈伯斯的觀點源自於汽車大王亨利・福特的名言：「如果我當年去問顧客他們想要什麼，他們肯定會告訴我『一匹更快的馬』。」在汽車普及之前，人們最熟悉的交通工具是馬車，這時候問客戶，他自然會說馬車，而無論如何也想像不到「四個輪子的鋼鐵怪獸」。

像汽車和蘋果手機這種顛覆性的創意從何而來？創意肯定不是來自當前客戶的抱怨，而是來自我在這一節中要著重介紹的洞察。什麼叫洞察？洞察就是深入客戶生活和靈魂中的觀察。你要比客戶還瞭解他，將自己徹底帶入他的生活，這時你才能夠洞察一些機會。

① 做乙方的風險係數極大

不知道各位有沒有看過20世紀90年代的一本老書，書名叫做《創新的藝術》，作者之一是著名創新設計諮詢公司IDEO的老闆湯姆・凱利。IDEO曾是美國最具創意能力的公司，他們幫蘋果公司設計了膾炙人口的第一款滑鼠，幫沃爾瑪設計了可以輕鬆操作還能讓孩子坐在裡邊的手推車，還幫佳潔士設計了既能擰又能掰的牙膏蓋。

說到這裡，我給做乙方的創業者提個醒。IDEO公司做的就是乙方，而且是全世界最棒、最有名的乙方，但它所做的每一個創新，都需要投入極高的研發成本，卻只能獲得一次性的回報，風險係數極大。就算這種回報的數額再大，依然具有不可複製性，換一個甲方，你就得重新再來一回。因此，我一直認為做乙方的生意模式非常危險，當你江郎才盡的那天，就是公司倒閉的日子。

②洞察客戶的生活和靈魂

言歸正傳，湯姆・凱利在介紹創意來源時，著重說的就是洞察。在他看來，客戶都是「傻瓜」，或者說遠不如自己高明，因為客戶根本不知道自己需要的是什麼。湯姆・凱利的這種觀點影響了很大一批人，也成就了很大一批人。

有一次，湯姆・凱利在波蘭做關於洞察的主題演講，台下衝上來一名觀眾要跟他合影，並鞠躬致謝。湯姆・凱利很納悶，便問他原因。這名觀眾解釋道：「我聽你說要有洞察，回家就照做了，很快就發財了。」

這個人是做什麼的呢？他是在火車站賣冷飲的。之前他的生意非常平淡，聽了湯姆・凱利的演講後，他就每天站在月臺上觀察乘客。時間一長，還真被他觀察出門道來。

他發現，很多乘客在上車之前，都會先看一眼他的冷飲攤，再看一眼手錶，看完錶後也不買冷飲，直接上車走了。但此時離開車還有一分鐘時間，足夠乘客購買冷飲。為什麼乘客沒有這樣做？原因在於人類有時候是非理性的。

這裡的非理性是由緊張感造成的。雖然離開車還有一分鐘，明明可以購買冷飲，但在心理緊張的情況下，乘客更傾向於不決策。

找到了問題，那該如何解決呢？這個人的解決方法超級簡單，但卻極其有效。他花了5茲羅提（波蘭的貨幣單位）去超市買了一個走時精準的鐘，放在了冷飲攤前。就是這樣簡單的舉動，讓他的冷飲銷量翻了一倍。乘客在上車之前一扭頭，能夠連鐘帶飲料一覽無遺。當乘客能夠充分掌握時間時，就不再緊張，而是選擇走到攤位前，看著鐘購買冷飲，買完再上車離開。

5茲羅提的投入，換回一倍的銷量，祕密就在於洞察。如果創業者能夠掌握洞察的技巧，會發現生活中有太多太多的創業機會。我講過一本關於洞察的書，中文名字叫《痛點：挖掘小數據滿足用戶需求（小數據獵人：發現大數據看不見的小細節，從消費欲望到行為分析，創造品牌商機〈繁中版〉）》，作者是馬汀・林斯壯，還講過他的另外一本書，叫《感官品牌（品牌，就是戒不掉！〈繁中版〉）》。

馬汀・林斯壯專門從事銷售研究，但不相信大數據。在他看來，依據大數據所做的決策可能是對數據資源的浪費，而且未必準確，實際情況與大數據分析出的結論沒有因果關係。做行銷的人一定要能找到事物間的因果關係，所以他將大量的時間花在洞察上，透過做洞察來設計產品。我跟大家分享一個書中介紹的經典案例。

馬汀・林斯壯在為印度的一個洗衣粉品牌做市場策劃時，每天都住在當地不同的人家中，看當地人洗衣服，並問他們洗衣服時還需要哪些改進。被問到的人大多一問三不知，偶爾有人能給出幾個答案，還總是說不到點上。

前文說過，客戶永遠不知道自己需要什麼，可市場策劃還是要做，馬汀・林斯壯便拿出了自己的招牌技能——洞察。他發現，大量的印度女性每天都會洗衣服，卻很少有男性參與其中。這是因為在印度人的傳統觀念中，洗衣服是女人的事情。這種觀念導致大量的家庭矛盾，家裡的女人紛紛抱怨男人不幹活，一邊抱怨一邊無奈地接受現狀。

洞察有了收穫，馬汀・林斯壯很快便開發了一款新的洗衣粉產品。大家猜猜是什麼？可能有不少人能猜到。洗衣粉還是那個洗衣粉，不同之處在於，馬汀・林斯壯在洗衣粉外包裝的底部加了一句醒目的廣告語：「此洗衣粉同樣適用於男性。」

很簡單的一句話，為該洗衣粉品牌帶來難以想像的銷售狂潮，家庭主婦們瘋狂搶購這款洗衣粉。搶購的目的不是自己用，而是買回去放在家中，提醒家裡的男人：你也可以洗衣服。

除此之外，馬汀・林斯壯為了配合這款洗衣粉的銷售，還組織了一次網上簽名活動，讓印度男性簽名承諾「願意幫太太洗衣服」。在活動推出後不久，便引爆了印度的社交網路，有超過300萬的印度男性參與其中，許多人都回覆發文承諾，這成了印度行銷史上的一個里程碑。

這是非常經典的一個洞察案例，馬汀・林斯壯為此並沒有花費多少金錢，他只是每天住在印度人家裡，吃著印度人的咖哩飯，盯著印度人洗衣服，尋找可能存在的問題。再說一個馬汀・林斯壯的故事，這次他的主攻山頭是調味料市場。

相對而言，洗衣粉在印度的主力消費群體只有一個，馬汀・林斯壯只要想盡辦法洞察印度女性的需求並加以解決就好，但調味料領域的消費市場卻分為了涇渭分明的兩大群體——婆婆和兒媳，雙方力量相當，各占一半市場。很有地位的婆婆對馬汀・林斯壯說：「家裡都是我說了算。」兒媳卻背地裡偷偷告訴他：「別聽她瞎說，家裡的飯都是我做，用什麼調味料我說了才算。」

這下如何是好？若是換了你們，你們會怎麼做？馬汀・林斯壯給出的解決之道還是洞察。透過近距離觀察，他發現在印度，兒媳大多喜歡素色，而婆婆因更偏向於穿著紗麗（又稱「紗麗服」，是印度等南亞國家的女性的一種傳統服裝，以絲綢為主要材料製作而成），因此喜歡絢爛多彩的顏色。這兩種完全不同的消費偏好，是馬汀・林斯壯第一層次的洞察結果。別忙，他還有第二層次和第三層次的洞察。不得不說，他真是一位喜歡洞察並善於洞察的市場行銷專家。

除了消費偏好，馬汀・林斯壯還發現了一個很多人都不會留心的細節——身高差。可能是由於營養條件和成長環境的不同，在印度，婆婆的個子普遍偏矮，而兒媳則會高出一大截。關於這一點，各位如果經常看印度電影就會有所體會，老人家大多又矮又胖，而年輕人則高挑修長，這是馬汀・林斯壯第二層次的洞察結果。

此外，不管購買者是婆婆還是兒媳，家裡孩子的喜好都是她們會重點關注的，這是馬汀・林斯壯第三層次的洞察結果。調味料能否迎合孩子的喜好，也會直接影響產品的銷量。

結合以上三點，馬汀・林斯壯給出了自己的解決方案。調味料的味道還是那個味道，但包裝變了。他設計了一個包裝瓶，下半部分是彩色的（迎合婆婆的喜好），上半部分是素色的

（迎合兒媳的喜好），從上往下看的時候幾乎是素色的（兒媳個子高），從下往上看的時候幾乎是彩色的（婆婆個子矮）。

第三層次洞察出的問題該如何解決？在印度，法律明文規定不許拿任何小孩做廣告，孩子的形象不能出現在任何包裝上。這可難不倒馬汀・林斯壯，他在調味料的外包裝上印了一個給小孩餵飯吃的小湯匙，大家一看就知道這款調味料適合孩子食用。

由於同時解決了三大問題，婆婆們認為這是為她們量身打造的產品，而兒媳們則認為這是她們的不二選擇，又能滿足家中孩子的食用需求，這款調味料一經推出便引爆市場，甚至形成了一種消費潮流，以至於印度的社交媒體上出現了這樣的流行語：「印度女性不是在家中使用××調味料做飯，就是在購買××調味料的路上。」

這就是洞察，洞察是多方觀察後形成的立體結果，千萬不要因為洞察了某一結果就沾沾自喜。愈往深處挖掘，你的收穫就會愈大。我再次強調，要想真正洞察低風險創業的機會，創業者必須進入客戶的生活，跟他的靈魂融為一體，從他的角度來看待這個問題應該如何解決才行。

我在創建樊登讀書App之前，跟身邊的很多人都聊過這個想法，想看看他們是怎麼讀書的。我洞察的結果是現在有很多人根本不讀書，包括一些高級知識份子。他們不是不想獲得新鮮的知識，只是懶得花時間去讀書而已。

我甚至聽說，有一個北京的房地產商特別有錢，為了學習新東西雇了兩個大學老師，每月給每個人支付3萬塊人民幣工資，讓他們讀書並提取乾貨，然後在他跑步的時候為他講解書中的要點。

在聽說這件事之後，我洞察到了這門生意的巨大前景，因此樊登讀書的小夥伴在設計產品的應用場景時，將重心聚焦於用戶每天早上洗漱或洗澡時、上班路上、回家途中、做家務時和睡覺前。很多人都告訴我，他們會一邊洗澡一邊聽我講書。這就是洞察的力量。

忘掉你的創始人身分

菲利普・科特勒被譽為現代行銷學之父，我非常喜歡他的一句話：「嚴格來說，其實根本不存在產品，客戶唯一為之付錢的是體驗。」正因如此，我將體驗列為低風險創業的第三個靈感來源。

所謂體驗，就是忘掉你的創始人身分，把自己當成普通的用戶，親自試用自己的產品。

體驗的關鍵在於忘記自己的能力、背景和身分，微信產品負責人張小龍有一個觀點，頗為業界同人稱道，他稱之為「小白」模式，即像「小白」一樣思考如何做產品。這與我的理念不謀而合。

大家不要誤會，在我看來，「小白」絕沒有侮辱人的含義。世界上沒有全知全能的人，「生而知之」的故事永遠只是傳說。在面臨自己不熟悉的領域時，人們的普遍狀態是一無所知，專家畢竟只是少數。從這個角度來說，絕大多數人都是「小白」。

①「知識的詛咒」會放大創業風險

行業專家最容易犯的一個錯誤，就是把自己的位置放得太高，過於看重個人的感受。他們對行業十分熟悉，以致形成了慣性思維，人為放大了創業的風險，我將它稱為「知識的詛咒」——當你在某個領域浸淫日久，腦海中充斥著過多專業知識時，就很容易為這些專業知識所累，認為其他人都具備與自己一樣的職業素養，這是低風險創業一定要規避的誤區。

比爾・蓋茲是我一直以來都很崇拜的商業前輩，沒有他就沒有後來的PC時代。然而，人無完人，他在體驗方面也存在比較明顯的問題。Windows的確是一個跨時代的產品，但肯定算不上完美的產品，存在著各種漏洞和bug，隔幾個月就要升級更新一次，否則運行速度就會大幅度降低，影響用戶體驗。

為什麼會這樣？原因其實很簡單，對於比爾·蓋茲，Windows裡邊所有的bug都算不上bug，他本人就是研發人員出身。對於一些小bug，他自己就能解決了，即便沒那個工夫，隨便打個電話，就能讓微軟的高級軟體工程師上門為他排憂解難。像我這樣的普通Windows用戶可就沒有這個待遇了，我如果遇到了bug，能做的只有抱怨。除非系統崩潰，誰也不可能打電話讓專業人員上門幫你解決幾個小的操作問題，畢竟現在的人工成本和上門費可真不便宜。

「陽春白雪」確實好聽，但「下里巴人」聽不懂。你的「匠心獨具」，在別人看來或許是「多此一舉」。公司需要贏利，「下里巴人」都不買帳，利潤從何而來？吾之蜜糖，彼之砒霜，說的就是這個道理。

樊登讀書的App剛上線時（那時還叫樊登讀書會，改名為樊登讀書是2018年下半年的事情），就收到了大量使用者和代理商的負面回饋。有些人還能一一指出問題所在，有些人乾脆就開罵了：「這個App就是個垃圾，頁面亂七八糟的，玩不了，App的功能設置也不合理，很多內容的入口根本不知道在哪兒。」

為了解決這個問題，我找來負責研發的產品經理瞭解情況。他跟我說：「APP的設置肯定沒問題，是那些使用者和代理商自己存在問題，他們需要多學習如何使用APP，在他們掌握了一些APP的使用技巧後，就會發現樊登讀書的APP特別好玩了。」

我一聽產品經理的說法，馬上知道了問題出在哪裡，這屬於典型的沒有體驗直接上線。客戶覺得使用困難，產品經理為何覺得簡單？因為他學過專業的程式設計知識，頭腦中已有對APP的固有認知，對使用方法非常熟悉。但是用戶不同，大多數用戶判斷一個APP是否好用的標準，就在於前端介面的設計是否簡單明瞭。如果找不到入口就會認為不好用，邏輯十分簡單、直接。當下在各種應用商店中，有琳琅滿目的APP產品，使用者的選擇空間比過去大得多，你憑什麼認為他們有耐心學習怎麼使用樊登讀書的APP，而不是把它直接卸載了？

想要提升用戶體驗，自己就得先行體驗。如果連你都不滿意自己的產品，就別指望市場會給你帶來鮮花和掌聲。於是，我強制要求團隊的每個人都去開卡，不僅自己體驗，還要找身邊的人一同體驗。找到一個問題，就修正一個問題，直到大家都能隨意順暢地使用。

這是樊登讀書曾經走過的彎路，希望能夠給每一位渴望低風險創業的朋友敲響警鐘。如果不去進行這樣的體驗，在產品上線前不一次又一次地試用，你就根本搞不清楚好的產品是怎麼打磨出來的。

②從使用者角度體驗產品

我在各種場合多次強調：體驗對創業者來說，是非常重要的一個環節。你們在研發產品的時候，請先去掉身上的光環，千萬不要從創始人的角度看待自己的產品，而要把自己當成一名普通的消費者。如果不能從用戶角度思考，你就會理所當然地犯一個錯誤——認為對於你做的每個產品，使用者都會認真學、認真用，這是創業者的大忌。創業者必須具備快速切換到「小白用戶」角度的能力，學會自己先去體驗，然後讓你的員工以及他們的家人也去體驗。

實驗公司在總部設立了一個占地面積幾千平方公尺的大超市，用於模擬一般超市的日常經營狀態。在這個超市裡，實驗公司的員工只做一件事情，就是不停地用各種方式擺放實驗產品，橫著擺，豎著擺，這樣擺，那樣擺，每天想的就是怎麼擺放更合理，更能吸引顧客的目光並讓其買單。他們不僅自己研究，還會不定期地隨機邀請一些人前去購物，然後暗中觀察這些人的購買方式，看看貨物擺放位置的變化是否會影響顧客的購買體驗。

說到這裡，我再給大家推薦一本書，美國著名的消費行為學研究專家帕克・安德席爾寫的《顧客為什麼購買（商品放在哪裡才會賣〈繁中版〉）》。帕克・安德席爾透過跟蹤觀察購物者，分析他們的購買行為與消費心理，為商家總結了可參考和可借鑑的消費者購物行為經驗，也提供了應對這些消費行為的對策和良方。

按照書中的說法，帕克・安德席爾和他的團隊在事先選定的消費者的肩膀和帽子上，各裝了一個攝影鏡頭，然後讓他去逛街購物，透過攝影鏡頭把他買東西的全過程記錄下來，分析他做出這種購買選擇的內在原因。

透過觀察，帕克・安德席爾發現了一件令人意想不到的事情：當一名消費者挑選商品時，只要身體被人蹭過三次，他就會停止這次購買行為，轉身離開。打個比方，你正在某運動品牌專賣店裡選鞋子，突然有人過來碰了你一下，你會想：「討厭，走路也不當心點，沒看到我在這兒嗎？」當第二次被觸碰時，你想的可能是：「真不識趣！」當第三次又被觸碰了，你就很有可能不高興地轉身離去。

帕克・安德席爾將他發現的這一現象命名為「接觸效應」。這種事情如果不拿攝影鏡頭記錄下來，你根本不知道。可能有的創業者會說：「這種事情聽聽就好，對我的生意沒有什麼幫助。」如果你這樣想，那可就大錯特錯了。

為了追求更好的位置，一個領帶專櫃將櫃檯從人流的動線旁邊挪到了動線中，前後距離相差不過兩公尺，但銷量卻下滑了一半。櫃員們很是不解，明明有了更好的位置，為什麼銷量不增反降？他們為此做了深入的調查研究，發現罪魁禍首正是「接觸效應」。因為櫃檯的位置挪到了動線中，顧客們在挑選領帶時經常會被路過的人不小心碰到，次數多了，顧客們就失去了購買意願。

無獨有偶，一個經營老年用品的公司將產品放在了食品飲料專區的通道上，希望借著商場裡食品飲料的高人氣提高老年用品的銷量。願望是美好的，可結果卻令他們大跌眼鏡——銷量暴跌，原因還是「接觸效應」。在商場的食品飲料專區裡，經常會有小孩子跑來跑去，原本有意願購買老年用品的消費者一看孩子多，心生恐懼，擔心撞到碰著，紛紛打消了購物的念頭。

這就是生意的機會，生意的機會來自觀察和體驗，來自不斷地尋找最好的解決方案。在做任何產品時，不管是網路產品、除甲醛產品，還是用於伸展鍛鍊的產品，你一定要深入落實好我說的這三大靈感來源——尋找抱怨、洞察和體驗。只有這樣，你才有可能打造出真正解決問題的產品，才有可能探尋到低風險創業的真實出路。

找到宏大的變革目標

前面談的都是創業者如何準確地找到社會問題，接下來我想聊聊找到問題之後，如何判斷它的好壞。我給出的第一個評判標準，叫「夠不夠大」。如果你的創業專案解決的問題是一個小問題，就會給你帶來很大的風險。當然，我說的大和小不是指專案規模的大和小，而是指市場規模的大和小。

①找到的問題要足夠大

在具體展開這個話題之前，我先提醒每位創業者：沒有產品能夠討好所有人，切勿在創業之初就試圖做一個上到80歲老人下到3歲孩子無人不用的偉大產品。有沒有人覺得我的這幾句話自相矛盾？一方面要求問題要足夠大，要覆蓋盡可能大的潛在市場，另一方面又說問題無法覆蓋所有人。是不是這樣？對，這確實有些矛盾。但這個矛盾，一旦放在中國這個全世界最龐大的消費市場面前，自然迎刃而解。

我創業時做的第一個專案是華章教育，是一家MBA（工商管理學碩士）的專業培訓學校，主要輔導學生考上名校的MBA，做到了業內第一的名校MBA聯考升學率。我是董事長，但那家公司一直都做不大，大家想想原因是什麼。

對，原因就是市場規模太小。當時，全中國一年的MBA考生大約也就一兩萬人，就算每人的學費是1萬塊錢人民幣，整個盤子也就一個億左右。這兩年，各大名校的MBA專業略有擴招，現在的市場規模可能達到了三四個億，但相比高達千億的人工智慧和大數據市場，依然小得可憐。辛辛苦苦將華章教育做到了行業第一後才發現，企業一年只能掙幾百萬。雖然確實能賺錢，但現在看來，這並不是一個合適的創業項目。

我進入教育培訓領域是在2001年，當時國內的教育市場大有可為，到處都有人在跑馬圈地，而華章教育選擇的是市場規模只有一個億的MBA培訓。如果當時的我就能像今天這樣，想明白整體市場規模對創業者的影響，很可能會選擇K12、公務員考試培訓或外語考試培訓等創業方向。

這些方向的市場空間遠大於MBA培訓，這些年也確實跑出了許多知名的上市公司，像學而思和新東方。而MBA培訓領域至今也沒有一家上市公司，華章教育已經是其中規模最大、知名度最高的公司，年利潤也只有幾百萬，遠遠夠不上主板市場的基本要求（現在的要求是發行人最近三個會計年度淨利潤均為正且累計超過3000萬元）。

很多年輕的創業者在決定走上創業道路時，就像我當年一樣，覺得一年能掙幾百萬的生意就已經值得嘗試了。但是我告訴你，等你真的在這個市場中做大後，你會發現，稍一抬頭就會碰到行業的「天花板」。

企業發展的停滯，會給創業者帶來難以想像的壓力和痛苦，這時該如何是好？是走還是留？我當年就經歷過這個階段。想換行業試試，又捨不得之前付出的努力和取得的一丁點兒成就；想留下來繼續幹，卻又眼看著創業夥伴陸續離我而去。每天都過得痛苦而煎熬。

再舉一個例子。如果你想擺一個早餐攤，能不能為社會解決問題？當然可以，你解決了附近社區的居民吃早餐的「歷史難題」，但這個問題是否足以支撐一個行業，是否足以支撐起一個巨大的市場？這就要打一個問號。

餐飲市場確實體量龐大，像慶豐包子鋪，一樣能夠做到全國知名，年均營業額幾個億。但在你雄心萬丈之前，先要掂量一下自己：是否有足夠的能力和胸襟？你要做的到底是早餐攤，還是連鎖店？

②MTP：宏大的變革目標

這裡給大家介紹一個概念——MTP，Massive Transformative Purpose的首字母縮寫，翻譯為中文就是宏大的變革目標。MTP指的是你找到的目標市場一定要足夠大，而且存在問題，存在變革、解決的空間。什麼叫宏大？就是這個目標能夠讓你想起來就十分激動，就算不賺錢也要堅持把這件事做下去。

足夠鼓舞人心的MTP，本身就是一種低風險創業的競爭優勢，它會鼓勵人們創造出自身的社區、群體和文化。谷歌的MTP是「管理全世界的資訊」，微軟的MTP是「讓全世界的辦公電腦用上微軟的軟體」，UNIQLO的MTP是「用最低價提供最高品質的衣服」，SONY的MTP帶有明顯的民族色彩——「扭轉日本產品在全世界的劣質形象」，迪士尼公司的MTP則寓意深遠——「為人們製造快樂」，百勝的MTP是「為全世界提供優質餐飲」，是不是都很激勵人心？再來看看三星公司，它的MTP是「產業報國」，就是透過自己的產業報效國家。

一旦你能找到一個MTP，創業就變成了很有意思的一件事，你就能說服其他人跟你一起來實踐這個夢想。當樊登讀書提出「幫助3億國人養成閱讀習慣」時，我知道我們找到了這個MTP。

「幫助3億國人養成閱讀習慣」這個口號不是我第一個提出來的，我自己都不知道為什麼說的是3億，而不是2億或者4億。很多人問我：「樊登老師，3億這個數字是怎麼來的？你們是怎麼算的？」我只好略帶尷尬地告訴他：「對不起，我沒算過，團隊就是這麼說的。」

雖然我不知道3億這個數字的出處及準確性，但不可否認，這句話確實很管用。很多人正是被樊登讀書的MTP感召，想為這3億國人做點貢獻，才加入我們的隊伍，打造了遍布全國各地的授權點。

創業時的初衷對每一位創業者來說都至關重要。明白自己想為這個世界解決多大的問題，然後用MTP的方式描述出來。它既包含足夠宏大的市場前景，又有可以發力解決的問題，同時還是一個偉大的目標。有了MTP，你會發現創業不再是一件風險極大的事情，優秀的人才和資源都會自發聚攏到你的身邊，讓你的每一步都走得堅實，又充滿希望。

在客戶最痛的點上突破

上一節的主題是MTP，講的是創業之前你要找到足夠大的社會問題。但是，對客戶而言，相比你能否改變世界，他們更關心的是你的產品能否解決他們的痛點，真正改變他們的生活。這是評判你找到的問題好壞與否的第二個標準：夠不夠痛。

不知道大家對20世紀90年代的行動電話是否還有印象。對，就是看起來很像磚塊的「大哥大」。現在的年輕人，尤其是「90後」，可能很難想像那麼重的行動電話竟然要賣1萬多元人民幣。當時的1萬多元大致相當於現在的10萬元。是不是難以理解？但在那個年代，大哥大卻成了身分的象徵，即便價格高昂依然有人樂意購買。

原因何在？因為它解決了邊走邊打電話這個大家一直以來的痛點。過去的電話都是固定的，只能在辦公室或家裡守在電話機旁打電話。但在「大哥大」橫空出世之後，你走在路上也可以打電話了。解決了這一痛點之後，即便它又大又重，價格還很貴，客戶也願意爭先恐後地為其買單。

要想讓客戶日久生情，首先得讓客戶對你的產品一見鍾情。怎麼才能做到？那就是找到讓客戶最痛的那個問題，並加以解決。如果你找到的問題不那麼痛，事情就糟了。

打個比方，如果你做的是形象顧問生意，你會發現消費群體主要不是男性，而是女性。為什麼呢？這裡邊的門道其實一點就破。對於男性，外在形象管理並不屬於多麼痛的痛點，很多男生每天都穿一樣的衣服，自我感覺還挺好。

馬克・祖克柏曾經公開了自己的衣櫃，這位Facebook的創始人堪稱目前全球最有錢的「80後」，衣櫃中卻只有三種衣服：牛仔褲、灰色T恤和帽衫。不是只有三件，而是三種，每種都買了一大排，全都一模一樣。按照祖克柏本人的說法，他想讓生活簡單些，並把時間用在最有用的地方，而不是花在每天精心挑選出門的衣服上。

我對外在形象的要求也不高。由於職業的關係，我屬於典型的「空中飛人」，一天之內輾轉三個城市對我來說是家常便飯。那麼，你們知道我的行李箱有多大嗎？可能很多人都猜不到，我出門一般不帶行李箱，只帶一個雙肩背包。即便出門七八天也不怕，我只要保證裡邊的衣服可以時常更換就好，外套基本不用換。鞋子也是如此，我很少穿皮鞋，一雙球鞋足夠我應對大多數場合。

其實男性對自己的穿著要求很隨性，沒有多少人願意把有限的時間浪費在穿著打扮上。

這就意味著形象管理並不是男性的痛點所在，你沒找到客戶最痛的那個問題，客戶自然不會付費。反觀女性就完全不同了，我見過一個主打女性身姿矯正的公司，痛點就找得很準。

那家公司所謂的身姿矯正，就是讓女性站得更挺拔。公司宣稱，女性若是身姿挺拔，可以達到減肥的目的。另外，身姿好了，氣質也會變得與眾不同，能夠贏得更高的回頭率。

可能是因為國內做身姿矯正的公司並不多見，其收費標準很高，大概是人均80萬元人民幣。即便如此，這家公司每天依然賓客盈門，生意好得不得了，客戶還得預約排隊，一排就是半年。我認識的一個女孩就是他們的客戶，她調整身姿的意願相當強烈，連排隊的時間都等不及，希望這家機構能夠讓她提前矯正。對方的回覆很簡單：「插隊可以，得另加20萬元，總價需要100萬元。」這個女孩二話不說，很高興地就轉了100萬元給對方，這是我親眼所見的真人真事。

讓客戶願意花100萬元用於矯正身姿，錢花了之後還很高興，這裡所解決的痛點才叫做足夠痛的痛點。一個問題痛不痛，有多痛，完全取決於對方的感受。我屬於比較理性的那種人，痛點很少，如果你想做我的生意可能得頗費一番腦筋。

我很少購物，也對購物不太感興趣。前段時間，我帶樊登讀書的一些會員去歐洲遊學。臨行前，太太讓我多帶些錢，說那邊物價便宜，讓我為自己採購點好東西，我答應了。我到了歐洲一看，壓根兒不是那麼一回事。

出門吃飯或喝咖啡，同行的人都搶著買單，沒給我留下多少花錢的機會；很多男士到了歐洲之後都會買支好錶，說是能升值。但我理性地思考了一下，既然能升值，為什麼二手錶賣得比新錶便宜一半左右呢？這個說法顯然站不住腳。前文說了，我對衣服的需求並不高，排隊退稅還得花很長時間，不太值得，所以也就沒有為自己添置衣物。

回國後一算，我這趟歐洲行總共只花了100歐元左右。

遇到像我這樣理性的客戶，其實是很多創業者的噩夢。我幾乎沒有痛點，也就沒有讓其他人賺錢的機會。相對而言，女人和孩子的錢更好賺，他們的痛點多，從他們身上更容易找到低風險創業的突破口。

我太太也是個創業者，做的是抗衰老生意，她找到的痛點是女人怕長魚尾紋。她發現，大多數女性對魚尾紋相當敏感，其實也就是對年齡敏感，一看到自己有了魚尾紋，就會感嘆

「韶華易逝，美人白頭」。為了去除魚尾紋，很多女人可以花大價錢，甚至掏光口袋。

在我看來，這明顯是一種不理智的行為。人都有老的那天，接受這個事實就好，你可以從氣質、內涵等多方面進行彌補，每個年齡段有每個年齡段的優勢，強扭的瓜反倒不是那麼甘甜。但大多數女性朋友不會像我這樣想，她們很抗拒衰老這件事。對她們而言，衰老就是讓她們最痛的痛點，簡直痛徹心扉。創業者要找的就是這樣的痛點，只有在客戶最痛的點上突破，才能在最短的時間內獲得客戶青睞，才能最大限度地降低創業風險。

真痛點和假痛點的博弈

創業的目的是解決人們存在的某個問題，但問題會對應不同種類的痛點。客戶對有些問題的感受可能並沒有那麼痛。如果你做出的產品成本不是很高，客戶可能也會使用，但是沒有它，客戶的生活也不會受到明顯影響。那些真正的痛點問題，已經都被解決得差不多了，你要真能找到當然最好，實在找不到怎麼辦？別著急，痛點也分真假，你並非只有一條路可走。只要你肯用心洞察和體驗，就會找到低風險創業的突破口。

①學會區分真痛點和假痛點

比如，人們買車的目的，是讓汽車將自己從一個地方快速送到另一個地方，安全、準時地抵達目的地才是購車者的真正痛點，但這絕不意味著這裡邊就沒有其他低風險創業的可能。

在我看來，痛點其實分為兩種——真痛點和假痛點。真痛點就不用說了，前文已經做了充分闡述。那什麼是假痛點？我並不是說這種痛點子虛烏有，而是說與真痛點相比，它會顯得不那麼痛苦。

②真假痛點存在博弈的過程

此外需要提醒的是，真假痛點並非一成不變，而是存在一個博弈的過程，會隨著技術水準的發展和消費者需求的變化而改變。

前文說了「大哥大」的案例，行動電話後來逐漸演變，體積開始變小，有的產品甚至做到只有掌心那麼大。我記得蘋果公司推出的第一代iPhone螢幕只有3.5英寸，整個手機大概和人的手掌差不多大小。

為什麼會出現這種變化？那是因為行動通話這個真痛點已經被解決了，這時便攜性便由假痛點變為真痛點，如何讓手機更便於攜帶成了當時手機廠商最為關注的焦點。

時日未久，手機又開始慢慢變大，你看現在的蘋果手機，一款比一款大，還推出了plus款型，將大螢幕手機推向了極致。

為什麼又變大了呢？因為在這個時候，行動通話和便捷性都已不再是真痛點，手機變得愈來愈智慧化，真正的痛點變成了消費者和手機之間的交互。很多人一玩手機就是一天，甚至患上了「手機成癮症」，幾分鐘不看手機都不行。顯然，小螢幕肯定無法滿足消費者的全新需求，盯著手掌大小的螢幕一整天，估計誰也受不了，此時，消費者需要的是更大的手機螢幕。

為了解決這個新痛點，手機廠商和用戶便開始捨棄一定的便攜性，手機螢幕愈變愈大，以至於最新款的蘋果手機螢幕變成了一個完整的大螢幕，連之前讓賈伯斯引以為傲的圓形按鍵都不見了蹤影。

所有偉大的企業，說到底都是從找到問題出發，透過抱怨、洞察和體驗，尋找用戶的痛點，並加以解決。你需要時常問自己：「客戶真的有購買動機嗎？我能否在用戶口渴難耐時，遞給他半瓶救命的水？」喝水是人類的最基本需求，屬於典型的真痛點，而在「用戶口渴難耐」這個前提下，「立刻喝水」就成了用戶的痛中之痛。

具體的場景營造考驗創業者的功力。你可以在沙漠裡賣水，這是真痛點；你也可以在泰山的半山腰賣水，並告訴客戶接下來的山路上不會再有賣水的人，便可以將假痛點營造為真痛點。客戶此時可能並不口渴，但是想到爬到山頂之後沒有水喝，相信大多數人都願意為此買上一瓶。

第三章

祕密是最好的抗風險武器

問題決定著市場的大小，而祕密決定著創業風險的大小。假如創業者選錯了要解決的社會問題，很可能因為市場太小賺不到錢；而假如祕密不夠，即便市場再大，你也可能賺不到錢，甚至連活下去都很困難。只有把握祕密，才能讓創業者擁有屬於自己的抗風險武器；祕密愈大，抗風險的能力就愈強，核心競爭力也就愈強。

沒有祕密是創業者最大的風險

對創業者來說，當你從抱怨、洞察和體驗中找到足夠大、足夠痛的問題，並加以解決之後，恭喜你，你已經找到了自己的路。然而，當你將路走出來並證明這條路可行時，競爭便會不期而至。在面對聰明才智不亞於你，並由資本力量加持的競爭者時，你如何保證自己的先發優勢？這個問題難倒了無數創業路上的英雄好漢。

我見過許多小而精的公司千辛萬苦攻克了第一個難題，卻在面對「門口的野蠻人」時毫無反抗之力。原因很簡單，就是它們沒有祕密，這是最大的風險。什麼是祕密？你能做，別人即便知道了也做不了，或者就算做出來，也跟你的不一樣，這就是祕密。

很多創業者都願意在創業之前和我聊聊，聽取我的意見和建議，我也非常樂意盡自己的力量給他們一些幫助。有些創業者說的話經常令我哭笑不得，尤其是關於祕密的。下面是我和某位創業者之間的真實對話。

這位創業者眉飛色舞地跟我說：「樊登老師，我有一個特別好的專案，打算創業。」

我聽了自然很替他高興，便說：「那你講講看。」

他一臉神祕地看著我，說：「這可不能說，一說別人就會知道，那我就沒有祕密了，事情會變得很麻煩。」

聽完他的話，我十分無奈，對他說：「那你就自己留著吧，像你說的這種害怕別人知道的事情，壓根兒就不算祕密，充其量只能算個點子而已，一毛錢都不值，你留一輩子也掙不到錢。」

飛柔曾經有一句經典的廣告詞，叫「我只將祕密告訴他，誰知一傳十、十傳百，變成全國皆知的祕密」，這句話應用在創業領域再恰當不過了。當「山寨」現象層出不窮時，你如何防止競爭對手「山寨」你的創意？如何盡可能地降低創業風險？只能靠祕密，而很多創業者並沒有想明白這個道理。曾經風靡一時的共用單車就是如此。

這個案例的精華在於ofo和摩拜確實找準了社會問題，這才有了一度呈指數級增長的共用單車市場，而不足就是沒有祕密，缺少企業防範風險的武器。

他們找到的社會問題是交通的「最後一公里」。如果你家離地鐵站比較遠，早晚高峰時便會面臨如何從家到地鐵站或者從地鐵站回家的艱難抉擇，這就是人們常說的「最後一公里」難題。坐公車太慢，打黑車不安全，計程車又太貴，怎麼辦？ofo和摩拜給出的解決方案是騎自行車。騎自行車不僅能夠回避堵車困擾，還能鍛鍊身體，一舉兩得。

他們的問題找得很準，解決方案也很有創意，但沒有祕密。共用單車這門生意壓根兒沒有任何祕密可言，只要能夠找到足夠多的錢，誰都可以幹。當資本看好共用單車這塊蛋糕之後，瘋狂的力量展現無遺——全國出現了各種顏色的共用單車，甚至有人戲言「顏色都快不夠用了」。

因為沒有祕密，在不理性的投資環境下，ofo和摩拜要想保持先發優勢，只能藉助資本的力量。

如果一個公司沒有祕密，就沒有護城河，就會時刻處於危險境地，誰想來「搶」都行。

打個比方，假如你開了一家鞋廠，專門代工生產 Nike 的各種運動鞋。即便每年的訂單量很大，你的鞋廠都說不上有多麼寬闊的護城河，抗風險能力很差。一旦 Nike 不給你訂單了，你的鞋廠就得立刻關門。

為什麼？原因就在於你沒有屬於自己的祕密。你的鞋廠做的是代工生意，生產出來的鞋子除了 Nike 沒人會要，因為別人賣不掉。你引以為傲的生產線，隔壁村的老王只要肯花錢也能買到，再雇點工人，他就能把這條生產線搞起來，生產出更好的鞋子。如果老王真想從你手裡搶去 Nike 的訂單，那麼只要花大價錢買條更先進、效率更高的生產線，雇用更多的工人，就能擁有比你強得多的代工能力。你說，到時 Nike 還會繼續選擇你的鞋廠嗎？

只有把握祕密，創業者才能擁有屬於自己的抗風險武器；祕密愈大，抗風險的能力就愈強。在這件事情上，國外的一些知名企業也曾犯過錯，就連大名鼎鼎的可口可樂公司也是如此。

可口可樂公司一度認為它的核心祕密是可樂的配方，於是便對自己的配方嚴防死守。大家知道嗎？可樂其實就是一種糖漿，口感上的差異主要來源於糖漿中各種原料的不同比例。可口可樂公司始終不肯透露配方，百事可樂公司就自己研發，反正糖漿的原料就是這些，實在不行我就一點一點地試。最終，百事可樂公司確定了自己的配方，喝起來和可口可樂味道差不太多，甚至更符合青少年的口感需求。除此之外，百事可樂公司還將自己定位成「年輕人的可樂」，這無形中就把與之針鋒相對的可口可樂襯托成了「落伍、老土」的代名詞。

一套組合打下來，可口可樂公司急壞了。配方的祕密並沒有擋住百事可樂公司追趕的腳步，可口可樂的市占率出現十分明顯的下滑。但此時它並沒有轉變思維，反倒認為是配方出了問題。於是，可口可樂公司放棄了傳統的配方，轉而推出新配方可樂，試圖複製百事可樂公司的反超之路。這一變化導致世界行銷史上有名的大災難，甚至發生了消費者上街示威的事件，示威的口號是「還我可口可樂」。

痛定思痛，可口可樂公司終於意識到配方這個祕密並不夠強大，無法為自己提供其他人無法逾越的護城河。於是，它開始尋找另外的核心祕密，並最終將目光投向了品牌路線，宣稱「我才是傳統的可樂」，試圖喚醒消費者對過去只喝可口可樂那段時光的回憶。不得不說，可口可樂公司這一招很厲害。依靠「鐵粉」們的力量，可口可樂公司重新坐穩了自己的王者位置。

在將品牌確定為自己的核心祕密之後，可口可樂公司的下一步目標是要和每一位用戶發生聯繫（one to one）。為了實現這個了不起的想法，可口可樂公司將競爭的重心從廣告轉向了公關，轉向了跟客戶之間的互動，讓品牌在消費者心目中生根發芽。

後來，可口可樂公司也出過很多類似「喝可樂致癌」、「可樂裡邊喝出蟑螂」這樣的負面消息，這些都沒令它傷筋動骨。在弄懂祕密對企業的重大作用之後，你就會明白，可口可樂公司的核心祕密早已不是健康和口感，而是品牌崇拜，這才是它真正的鎧甲和護城河。

曾經有人問我：「你是如何將樊登讀書做起來的？」

我推心置腹地告訴他：「把書講好，講得有趣一點，別講太多廢話，這就足夠了。」

好多人聽了我的答案，覺得知識付費這件事挺容易，就衝進來做了很多講書節目，但真正成功的人很少。

直到有一天，一位出版界的朋友跟我聊天，說：「別的平臺是『物理講書』，你是『化學講書』，所以你能夠將產品賣出去，別的平臺講同樣的一本書，但就是賣不動。」

我想，他確實找到了問題的癥結所在，「化學講書」就是樊登讀書的一個祕密。你該怎麼把書講出「化學反應」？如何才能用聽眾最能接受的方式，幫助他們消化掉一本書，並且還能使他們跟生活建立起聯繫，甚至改變他們的行為？這是別的平臺沒學會的祕密。

當你的祕密還不夠強大，護城河還沒有挖出來的時候，千萬別著急往裡邊蓄水。水大了，容易成災。可能有人會問：「到底什麼是好祕密，對此有沒有什麼評判標準？」當然有，這就是下一節的主題。

告訴你，你也學不會的好祕密

北宋文學大家歐陽修寫過一副對聯，上半句叫「書有未曾經我讀」，意思是天下有那麼多書，總有我沒有讀過的。這句話和樊登讀書正在做的事情很有關係，我一年會為客戶講50本書，總有一些是你沒有讀過的。你沒讀過不要緊，我會讀給你聽，這正是樊登讀書的價值所在。

歐陽修的下半句是「事無不可對人言」，這半句和本節的主題緊密相關。什麼叫做好祕密？就是「事無不可對人言」的祕密。關於這個祕密，沒有什麼是不能告訴別人的，這是一個成功創業者的自信和胸襟，也是衡量一個祕密好壞的標準。真正的祕密，從來不怕別人知道，因為即便你知道了，也學不會。如果你的祕密只是建立在別人看不上、顧不上做的基礎之上，那就有很大的風險。

海底撈的祕密在於服務，這一點很多人都知道，即便你不知道，看看它出的一本書就會知道。但是很奇怪，知道歸知道，中國的餐飲行業卻再也沒有出現第二個海底撈。

正所謂「學我者生，似我者死」。其他的火鍋店可以學習海底撈在服務上的用心，但是如果學得一模一樣，那就只有死路一條。你能看到的是海底撈遠超客戶預期的金牌服務，卻不知道背後有著供應鏈條、人才體系、績效考核等多方面因素的支撐。只要一個環節跟不上，你就只能「畫虎不成反類犬」。

和海底撈一樣，我很熟悉的喜家德水餃也有著不怕偷師的好祕密。

喜家德是中國水餃餐飲連鎖企業的領導品牌，2002年創立於黑龍江鶴崗市，後來總部搬到了大連。創始人高建峰和我是同一個學習小組的組員，也是非常要好的朋友。高建峰毫不藏私，他最了不起的地方就是在大連建了一家向社會開放的餃子博物館。所有對餃子感興趣的人，不管是客戶、合作夥伴還是競爭對手，都可以前去參觀學習。

我母親也十分擅長包水餃，並頗為得意。有一次我跟她提到喜家德，說他們的水餃包得很有水準。我母親非常不服氣，並告訴我：「如果想吃餃子在家吃就行，沒必要出去吃。」我沒有跟她爭辯，只是帶她去喜家德水餃的門店試了一回。只吃了這一回，她現在已經是喜家德的鐵粉，家裡來了親戚朋友，她經常會領著去喜家德吃餃子。

我母親的態度之所以會發生三百六十度大轉變，是因為喜家德的水餃都是現包現煮的，味道確實好。餃子當然是現包的好吃，這一點誰都明白。可是現包現煮水餃出餐慢，會直接影響餐廳的翻桌率，這是一個「魚和熊掌不可得兼」的選擇難題，困擾著很多餃子館。然而，這個矛盾在喜家德似乎並不存在，我和我母親在點完餐的五分鐘之內，就吃上了熱騰騰的現包水餃。

喜家德的祕密是什麼？是「四杖出皮」技術和特製擀麵杖。喜家德藉助這些技術將擀餃子皮的時間縮短了1／3，進而大幅度縮短了出餐時間。

此外，喜家德用的麵粉也很有講究。為了保證最好的口感，高建峰在全世界範圍內尋找最合適的麵粉，選定了三個國家的優質小麥，經過上萬次篩選組合，最終才有了喜家德現在的麵粉配方。這個祕密其他餐廳無法效仿，因為他們根本不可能花這麼多的精力去鑽研麵粉配方。

蝦仁、韭菜、雞蛋也是如此，這些看似普通的食材，在高建峰眼中樣樣都不簡單。以雞蛋為例，和市面上的普通雞蛋相比，喜家德的雞蛋水分少，蛋清和蛋黃都很有彈性，這樣的雞蛋不但蛋白質濃度高，營養豐富，而且口感也更好。你可能很難相信，就是為了尋求這枚小小的雞蛋，喜家德的產品團隊花了整整一年半的時間，走南闖北，從北京到哈爾濱再到濟南，共走了106個城市、367個大大小小的養雞場，最終在吉林省遼源市找到了滿意的供應商。

為了追求食材、工藝、衛生和安全，喜家德十七年如一日，保持著對「有溫度的品牌」的持續追求，這便是喜家德的祕密所在。看起來，高建峰下的似乎都是笨功夫，可是試想一下，這種「笨功夫」哪家餃子館能夠做到？他的祕密告訴你了，餃子博物館也隨時向你敞開，你完全可以來看來學，但你肯定學不會，這就是他的抗風險武器。

說完喜家德，再來看看全球零售巨頭 7-Eleven。截至 2018 年年底，7-Eleven 已經在全球開了 65000 多家門店，是全球最大的連鎖零售體系。7-Eleven 創始人鈴木敏文先生寫的《零售的哲學：7-Eleven 便利店創始人自述（改變的力量：7-Eleven 的致勝思考法〈繁中版〉）》一書，對我的影響非常大，我推薦大家都看看。書中詳細介紹了 7-Eleven 的諸多祕密。

7-Eleven最核心的祕密是他們的制度設計，其中一條是充分給員工授權。以進貨為例，一般情況下，總部不干涉門店的進貨情況，而由店長向總部訂貨。如果店長忙，則由收銀員負責訂貨。店長和收銀員是最瞭解門店貨品銷售情況的人，讓他們負責訂貨能夠保證庫存量最小。

有一次，鈴木敏文到美國的7-Eleven門店巡查，發現很多門店的進貨體系十分混亂，有的門店大量缺貨，有的門店囤貨後卻賣不掉。在詳細瞭解相關情況之後，鈴木敏文找到了問題的根源。

原來，美國的7-Eleven門店不像其他區域那樣，允許店長和收銀員自主訂貨，而是由總部直接批貨下發。總部遠在日本，怎麼可能及時準確地掌握大洋彼岸某家門店的貨品銷售情況和具體的客戶需求呢？鈴木敏文回國後就對美國門店進行了大刀闊斧的整頓，它們的進貨情況很快得到了大幅度改善，再也沒有出現斷貨或庫存積壓的現象。

7-Eleven的第二個祕密是供應鏈管理。在過去，給便利店供貨的所有廠家都是分開送貨，每個供應商分別派車將貨物運到各家便利店。供應商一多，塞車現象隨之而生，不斷地卸貨入庫也會嚴重影響零售店的運營效率。

7-Eleven並沒有走其他便利店的老路。鈴木敏文在創業之初便給各品類的供應商定下了規矩，讓他們合併送貨，一天16輛車就能送完所有品類，大大提升了門店的運營效率。

除了制度設計和供應鏈管理，自有商品的研發和選址也都是7-Eleven雄霸全球零售行業的祕密所在。

看完《零售的哲學：7-Eleven便利店創始人自述》，你會發現，7-Eleven的真正祕密其實是它卓越的運營能力和對市場的把控能力。這種祕密無法複製，任何一個環節存在問題，你都會功虧一簣。因此，像7-Eleven這類公司，實質上極難超越。現在有很多便利店品牌，顏色和布局都和7-Eleven極其類似，有些店甚至「山寨」了7-Eleven的招牌。但這些都是皮毛，外在學得再像，沒有學會精髓也是白搭。

當你有了一個標準意義上的好祕密之後，就會擁有源源不斷的收入，就可以繼續加深、加寬你的護城河，增強你的抗風險能力，正如吉列公司的發展那樣。「股神」華倫・巴菲特曾將吉列公司與可口可樂公司相提並論，認為它們是當今世界上最好的兩家公司。可口可樂公司已經在前文分析過，現在來看看吉列公司。

手動刮鬍其實是一門很簡單的生意，競爭的關鍵無非就是刀片更鋒利些，操作更簡單些，安全性能更好些。但就是這樣一件簡單的事情，吉列公司做到了極致，擁有著競爭對手無法比擬的好祕密。當你用慣了吉列刮鬍刀後，你會發現其他品牌的刮鬍刀用起來特別彆扭，不是感覺不舒服，就是容易刮破下巴。

當你擁有一個好祕密之後，故步自封並不是良策。吉列公司並沒有因為自己在客戶心中居有牢不可破的品牌地位，便失去進取心，它選擇的競爭方式是自己打敗自己，將護城河愈挖愈深。

在手動刮鬍刀市場中，吉列公司從來不跟其他公司競爭，而是不斷研發新技術，用新產品打敗自己的老產品，比方說用鋒速2打敗鋒速1，用鋒速3打敗鋒速2，即便付出巨大代價也樂此不疲。

在鋒速2的庫存還沒有徹底消化的情況下，吉列公司便推出了新一代的刀片產品——鋒速3。鋒速3一上市，鋒速2自然就失去了市場，只好大批量退貨。由此帶來的損失誰來承擔？當然是吉列公司自己。因為沒有對手，所以只有靠不斷地自我淘汰，才能一直保持領先優勢，將祕密變成打入客戶心中的鋒利武器。

新一代產品通常意味著更好、更先進，也意味著企業的祕密愈來愈好、愈來愈大，誰也學不會、搶不走。這是一種很厲害的競爭模式，大家再熟悉不過的蘋果手機也是這樣做的。從 iPhone 3G 開始，蘋果公司在雄霸智慧手機市場的情況下，幾乎每年推出一款新手機，iPhone 4、iPhone 5、iPhone 6、iPhone 7、iPhone 8……到了後來，數字都已經不夠用了，蘋果公司乾脆為新產品取名 iPhone X、iPhone XS、iPhone XR。正是這種不斷的自我升級，阻擋了競爭對手，將護城河變成了無法逾越的品牌鴻溝，同時也將風險降到了最低。

創業者不可不知的六種好祕密

透過對前文的學習，大家應該已經明白什麼樣的祕密才稱得上好祕密。接下來，我想跟大家詳細說明好祕密的分類。在我看來，以下六種祕密，都是企業抗風險的好武器。

①資源

資源是不可複製的，當然是一個好祕密。現在有句形容有錢人的流行語，叫「家裡有礦」，說的就是有資源。舉個例子，和田玉的山料現在愈來愈貴，如果你在和田有一座礦山，絕對沒人能搶走。但是，資源有資源的問題，它會枯竭，獲取成本也愈來愈高。一旦有一天，你的礦山資源開採完了，又沒有買到新的礦山，你的好日子也就過到頭了。

②科技

科技永遠是第一生產力，重要性無須多言。華為公司成為中國企業的世界名片，靠的就是科技。

華為公司有一個非常重要的祕密，叫做「深淘灘，低作堰」，這句話源自李冰父子修築都江堰的故事。深淘灘，指的是河溝要挖得夠深，不深則容易淤塞；低作堰，意思是河堰不要過高，這樣能確保周邊村鎮的安全，不會出現「地上懸河」。任正非先生很愛學習，在學到李冰父子的智慧之後，將之引申運用到了華為公司的運營上。

「低作堰」說的是華為公司的運營能力和制度設計，在這裡不做展開，我更想介紹的是華為公司的「深淘灘」。任正非將科技視為華為公司防範外界風險的「核武器」，每年確保將10%的營業收入用於研發，將護城河愈挖愈深。營業額在1個億時，拿1000萬出來做研發，營業額到了10個億，就拿出1個億，以此類推。10%的研發經費是硬性規定，無論何時都不可減少，華為公司對科技的重視程度可見一斑。

花這麼多錢進行研發，華為公司的收效如何？在2018年的中國企業500強中，華為公司的專利授權量達7·43萬件，高居首位。

與科技水準相對應的是華為公司的迅猛發展。華為公司2018年的營收額突破了1000億美元大關；在蘋果公司和三星公司之後，華為公司是全球第三家邁入千億美元俱樂部的電子公司。這就是科技的力量。

注重科技研發的公司，除了華為公司還有很多，我再說一個和樊登讀書保持密切合作的科技導向型公司——卡爾蔡司。

我早就對卡爾蔡司有所耳聞。卡爾蔡司是一家製造光學儀器、工業測量儀器和醫療設備的德國企業，始創於1890年，一直致力於光學研究。喜歡攝影的朋友可能對蔡司鏡頭都不陌生，那就是卡爾蔡司研發生產的。很多諾貝爾生理學或醫學獎得主在得獎以後都要感謝卡爾蔡司，說是如果沒有卡爾蔡司的鏡片產品，他們就不可能發現那些微生物。所以，我對這家公司一直很有好感，也願意深入瞭解他們。

在給卡爾蔡司上課之前，我和該公司的中國區總裁彭偉進行了一次長談。我對他的大力支持表示感謝，而彭偉也跟我詳細介紹了卡爾蔡司的商業模式。不聽不知道，這家公司將科技這個抗風險武器的威力發揮得淋漓盡致。

比如做眼角膜手術的光學儀器，全世界除了卡爾蔡司沒有公司能製造，這是典型的技術壁壘，帶來的是競爭對手絕對無法撼動的定價權。這種光學儀器，一台售價大約是1500萬元人民幣，有的大型醫院一次性就購買100台，而這只是卡爾蔡司所有產品線中很普通的一種。

將近130年的潛心研究，為卡爾蔡司積澱了光學領域的絕對技術優勢，也為公司帶來了很高的利潤率，這就是科技給予創業者的回報。

③運營能力

海底撈你學不會，因為它靠的不是科技，而是運營能力，是服務比別家餐飲公司做得好。創業者都需要第一桶金，海底撈的第一桶金正是來自創始人張勇超凡的營運能力。樊登讀書也是如此，在用營運能力占據先發優勢之後，我們可以透過人工智慧、大數據等科技手段將企業的抗風險能力不斷提升，但營運始終是樊登讀書的重中之重。

④品牌口碑

品牌是一個非常重要的祕密，也是非常好的祕密。好在哪兒？品牌能讓企業的邊際成本為零，大量公司發展到後期，就是依靠品牌賺錢，現在一些超級ＩＰ，說到底就是品牌。

曾有創業者在我的課上提問：「樊登老師，品牌和口碑是兩碼事，你為什麼要將它們合在一起？」這個問題很好，證明我的學生們都是愛思考、肯動腦的人。我之所以會將品牌和口碑放到一起，是因為發現很多企業都存在一個問題——只有品牌，沒有口碑。客戶都知道它們，但是並不愛它們。

很多創業者在拿到天使投資之後，會將其中的大部分用於宣傳推廣，而不是產品精進。透過各種推廣途徑，他們確實成功地讓客戶們知道了自己的品牌，但是因為產品並不能解決客戶的實際問題，口碑不太好，客戶黏著度很差。當你順風順水時一切都好說，只要你出現一些問題，就很容易發生「牆倒眾人推」的慘劇。但如果你是一個有口碑的品牌，事情便會大不一樣。

由於智慧手機時代驟然來臨，曾經的龐然大物摩托羅拉淪為時代的棄兒，先是被谷歌收購，後來又被轉賣給聯想。但不知你是否注意到，現在市面上又出現了摩托羅拉手機。為什麼摩托羅拉被賈伯斯無情地打入塵埃之後，還能鹹魚翻身？因為這是一個真正有口碑的品牌，很大一部分人當年都用過它的手機，說心裡話還是挺好用的。

所以，如果創業者能將口碑和品牌放在同樣的位置，便會擁有別人無法取代的競爭優勢。即便有一天，你的事業真的走向了末路，也會比別人更容易東山再起。

⑤價格

價格也是我十分認可的好祕密之一，在我看來，價格戰屬於非常高級的競爭方式。很多創業者在跟我交流時，很不屑地跟我說：「價格戰沒有技術含量。」我覺得這種觀點十分可笑，如果你能將價格戰打到格蘭仕這種水準，就能體現你的技術含量了。

格蘭仕被業界戲稱為「價格屠夫」，它能在價格戰中打得競爭對手丟盔棄甲，而自己還活得很好，靠的是什麼？是科技、營運能力和大批量採購。基於這三大祕密，格蘭仕能夠將價格準確定至讓競爭對手毫無利潤、自己卻還能贏利的水準。

如果競爭對手還想繼續打價格戰，就得在格蘭仕的定價上再往下調整，這便意味著賣一台虧一台，屬於典型的「賠本賺聲量」，勢必無法持久。而格蘭仕在價格上還有調整空間，能夠根據具體情況自主決定是否跟進價格戰。

價格上的遊刃有餘，讓格蘭仕在小家電的激烈競爭中立於不敗之地，這便是我說的好祕密。所以，如果創業者真的能讓某行業的產品價格產生根本性的變化，那麼他同樣也能擁有較強的競爭優勢。這是一種非常高級的競爭，你的企業必須擁有其他方面的祕密，才有可能做到這一步。

所以，中小企業創業，尤其是小微企業剛起步的時候，我其實不太建議創業者去做低端市場。低端市場具有極大的風險，做低端市場的都是巨頭，它們可以容忍在一段時間內不賺錢，甚至賠錢。但是初次創業者大多是小本經營，有的甚至是借錢創業，用有限的啟動資金跟巨頭們火拼，實在算不上明智之舉。

我給初次創業者的建議是最好做中端市場，太高端的你搆不上，太低端的你賠不起。中端市場的好處，在於行業中的每個人都能賺到錢，可能不會一夜暴富，但起碼衣食無憂，不會出現讓你無法承受的風險，能夠讓你在保證存活的情況下攢足糧草以待時機。

⑥用戶

用戶是一個好祕密，這其實就是人們常說的「粉絲經濟」。凱文・凱利（Kevin Kelly，很多人暱稱他為ＫＫ）說過一個著名的「1000鐵粉（1000 true fans）」原理，在他看來，一個品牌只要有1000名鐵粉，就可以活得很好。對此，我深表認同。對創業者來說，你需要管好你的客戶，讓他們跟你建立緊密的聯繫，讓他們發自內心地愛你。

漫威影業和蘋果公司就是這方面的翹楚。我兒子嘟嘟就是漫威的鐵粉，只要漫威推出一款新產品，他就會想盡辦法買到手，這是一種粉絲文化；而蘋果公司自不待言，「果粉」們的力量相信大家都有很深的感受。

樊登讀書早期在用戶管理方面做得並不讓我滿意。我們其實有特別多的忠實粉絲，在2017年的「雙11」，有位鐵粉一次性續了50年的會員費用，讓我十分感動。按照樊登讀書制定的規則，續50年的會員費用，會再贈送他50年的會員費用，這就意味著他一下擁有了100年的會員資格，擺明要和樊登讀書共存亡了。

像這樣的鐵粉，樊登讀書有很多，但一直沒有認真地運營。後來我就想，應該把有影響力的會員組成一個群。凡是曾經介紹過20個或者30個會員加入樊登讀書的，就可以加入這個群。我會在群裡親自為他們解決問題，當樊登讀書舉辦比較重大的活動時，也會邀請他們參加，逢年過節還會給他們送一些定製的產品。

樊登讀書正在構築自己的用戶門檻，這項工作的意義十分重大，我建議其他創業者千萬不能忽視。用戶是創業者的衣食父母，也是你的力量之源。如果運營好你的用戶，那麼你甚至可以讓他們幫你改進產品。如此一來，你就能為自己的企業持續構築一道護城河。

超越競爭的「十倍好」原則

很多創業者都會想，我看其他同行都是這麼做的，並沒有什麼好祕密，也照樣活得不錯。這種觀點其實很致命，別人已經做得很好了，憑什麼讓你進來分一杯羹？你只有打破行業慣性，找到足夠好的祕密，才能擁有屬於自己的競爭優勢。在尋找你的祕密時，要有足夠的想像力，千萬不要被同行束縛住。

說到這裡，我想重點為大家介紹一個人——享譽全球的伊隆・馬斯克，特斯拉和SpaceX公司的創始人，被人稱為「矽谷鋼鐵人」。這位仁兄在2018年做了一件大事，他用自己生產的獵鷹重型火箭，將自己生產的特斯拉跑車送上了前往火星的旅途。

要想深入瞭解伊隆・馬斯克，《矽谷鋼鐵俠：埃隆・馬斯克的冒險人生（鋼鐵人馬斯克：從特斯拉到太空探索，大夢想家如何創造驚奇的未來〈繁中版〉）》不可不看，這是我個人十分喜歡的一本傳記。該書的作者艾胥黎・范思歷時四年採訪了眾多在特斯拉和SpaceX公司工作過的員工，並且他沒有允許馬斯克審核其中的任何內容，所以這本書的可讀性很強，我推薦大家閱讀。

在書中，艾胥黎・范思克記載了伊隆・馬斯克的許多有趣故事。看完之後你會知道，這位矽谷傳奇人物之所以能夠不斷改變人類的發展進程，是因為他提出的「十倍好」原則——要嘛不做，要做就要比同行做的十倍還好。大家現在對特斯拉已經十分熟悉，無須我過多介紹，讓我們將目光投向他對世界的另外兩大貢獻：新式火箭和超級高鐵。

由於SpaceX公司在設計生產過程中進行了高度的垂直整合，大幅降低了成本，他們研發的獵鷹9號火箭的標準發射費用為5400萬美元。而它的競爭對手之一，美國當前壟斷大中型載荷發射市場的聯合發射聯盟（ULA），4次發射報價為17．4億美元，平均每次發射需花費4．35億美元；歐洲的亞利安（Ariane）公司和美俄聯合的國際發射服務公司的報價也不低。

不僅發射費用低，獵鷹9號火箭的運載能力也遠高於競爭對手，是美國太空梭的2倍。更為重要的是，SpaceX發射的火箭竟然還能回收，可重複使用，這便將許多競爭對手遠遠甩在了身後。

說完了火箭，再來看看超級高鐵。

高鐵的所謂「超級」，主要指速度方面。伊隆・馬斯克提出的超級高鐵到底能快到什麼程度呢？半小時能跑600公里，也就是1小時可以跑將近1200公里。

可能大家對這個數字並沒有直觀的概念，我做一個簡單的對比，相信大家就會明白。波音747飛機的典型巡航速度是0・85馬赫，換算過來就是每小時1000公里左右。簡而言之，伊隆・馬斯克提出的超級高鐵能跑得比飛機還快。

附帶說一句，超級高鐵項目已於2018年7月在貴州銅仁正式啟動，這個項目是由銅仁市與美國超級高鐵公司（HTT）合作的。相信用不了多長時間，創業者朋友們就有機會登上超級高鐵，切身感受一下這位「矽谷鋼鐵人」說的「十倍好」原則到底為你的生活帶來了怎樣的改變。

在我看來，「十倍好」原則其實是一種思維方式。若創業者想設計一款產品，就必須比同行們的產品好上十倍，這樣才算真正擁有一個能夠為你提供抗風險能力的好祕密。

在當當網和京東商城等網上書店購書的體驗，絕對比在一些實體書店買書的體驗好十倍。讀者可以在網上一次性購買大量的書，而不用擔心書太重搬不回去。網上書店能夠提供送貨上門服務，當天下單第二天就能送到，一些實體店根本無法做到。此外，網上書店的書也比實體書店便宜很多，趕上「6·18」大促或者「雙11」，還能買到許多五折的書。

如果當當網和京東商城局限於實體書店的體驗模式，那麼要想顛覆實體書店根本就不可能。在讀者的傳統觀念中，買書就得去實體書店；你如果不能徹底顛覆讀者的認知，就無法在圖書領域立足。

熟悉我的朋友都知道，我住在北京，但樊登讀書的總部設在上海。每次去上海和團隊開會時，我就會問他們有沒有十倍增長的可能性。一直以來，樊登讀書每天的業績增長都差不多，大概維持著每天開幾千個會員卡的水準，最高紀錄是16萬，但平時大約都是幾千的增長量。對此，我並不著急，因為我相信總會有一個「十倍好」的機會。這個機會，在樊登讀書創立五周年時終於出現了。

2018年11月3日，樊登讀書發起了「閱讀狂歡」活動，效果十分明顯。平臺單日註冊數連續3天打破此前的最高紀錄，分別超17萬、22萬和29萬，單週註冊過百萬。從11月1日至11月11日，新增用戶量是206萬，總用戶數從2017年11月的300萬飆升至今天的近

1200萬，還因此登上了App Store的熱搜榜單。

這次「閱讀狂歡」活動帶來了多少營收呢？向大家彙報幾個具體的資料。活動正式上線的13個小時後，支付筆數突破10萬。到11月11日活動結束時，累計吸引了6050067位書友參與，銷售金額過2億元，是2017年同期銷量的兩倍。

這就是樊登讀書找到的一個「十倍好」的機會。在這次「雙11」活動中，小夥伴們發現了一個特別有意思的案例。有一位原代理商在3天內賣了一萬張卡，這是過去樊登讀書一個省級代理加下屬所有市級代理的開卡總量。一個人就完成了一個省級分會的業務量，這就是「十倍好」的神奇魔力。按照有些小夥伴的慣性思維，一個人賣兩三千張卡就已經很厲害了。在這種慣性思維的束縛下，「三天一萬張卡」只會出現在夢裡，你必須不斷克服慣性思維的阻力。

要想實現十倍好的效果，肯定需要十倍好的方法，需要沿著十倍好的方向去琢磨如何才能擁有十倍好的進步。這是一種「以終為始」的思維方式，用十倍好的結果倒推過程中的每一個環節，去尋找可能被顛覆的地方。

如果創業者整天將注意力放在企業的日常經營、員工整頓或者宣傳推廣這些事上，那麼將永遠不可能產生顛覆性的進步，不可能打敗慣性這個創業者最大的敵人。你需要在腦子裡不斷地逼問自己和員工，如何才能擁有十倍好的增長。到2018年，樊登讀書已經創立5年，現在看來，每年基本都能維持十倍左右的增速。產生這一現象的主要原因就是我們每年都在思考這件事，盯著這個目標往前走。

祕密是一個慢慢積累的過程

尋找祕密是一個動態的過程，需要慢慢積累，千萬別想著剛起步就達到像華為公司那樣的技術水準，或者擁有像7-Eleven那樣的運營能力。

①祕密的積累需要過程

作為一名創業者，你要知道自己現在的優勢是什麼，在朝哪個方向努力，有哪些地方在進步，這就是打造祕密的途徑。接下來，我給大家講三個特別接地氣的案例，從中你會發現，誰的祕密都不是一蹴而就的。

我曾經採訪過黃記煌的創始人黃耕，他是魯菜廚師出身，後來也開過火鍋店和魯菜館。大家可能都知道，中餐館對廚師的依賴性很大，廚師心情和狀態的變化，有時會直接影響菜品的口感和客戶的體驗。老闆稍加指責，有些廚師就會轉頭走人，「此處不留爺，自有留爺處」。老闆想再招一個水準差不多的廚師是一件相當麻煩的事情。

可能有人會想：過於依賴一名廚師容易出狀況，那我多招幾名廚師不就好了嗎？彼此之間也能有個制衡。然而，事情並沒有這麼簡單。廚師一多，一方面會增加成本，另一方面廚師的烹飪水準參差不齊，難以保證菜品的品質統一。長期受制於廚師的痛苦經歷，讓黃耕下定決心開一家不需要廚師的餐廳。

黃耕決心研究一種能夠讓餐廳擺脫廚師的方法。這一個過程有沒有讓你想到什麼？對，就是前文重點闡述的找到足夠大、足夠痛的社會問題。民以食為天，餐飲市場是一個有著萬億體量規模的大市場，而廚師問題又讓無數餐廳老闆頭疼不已，這確實是一名創業者值得關注的好問題。

找到問題之後，黃耕開始苦心鑽研，很快給出了自己的解決之道——醬包。醬包屬於標準化產品，不依賴某位原特定的廚師。服務人員只要撕開研製好的醬包，將醬料撒在搭配好的食材上，然後燜上鍋蓋，幾分鐘就能讓客人吃上熱騰騰的菜品。黃耕給自己研究的新式菜品取名為燜鍋，這樣，一種全新的火鍋品類就此誕生。黃耕的創業熱情再度點燃，全新模式的黃記煌燜鍋店正式投入運營。

燜鍋屬於餐飲行業的新品類，顧客對此一無所知，很少人敢嘗試。因此，第一家黃記煌燜鍋店開張後，顧客很少，有時一整天也沒有顧客。一些信心不足的創業者遇到這種情況後，可能就會對自己的產品或運營模式產生懷疑，進而打起退堂鼓。顯然，黃耕不屬於此類。

為了打破困局，黃耕想了一個不算辦法的辦法。他一個人站在店門口，手拿黃記煌的傳單見人就發，發完還說：「你們放心進去品嘗，如果不好吃就別給錢，我來買單。」他的顧客就是這樣一位位、一桌桌拉來的。有些客人吃過一次之後大為驚嘆，從此成了黃記煌的常客。還有些客人可能確實不喜歡燜鍋的口味，給他提了些意見，他也很虛心地採納。

皇天不負有心人，時日一長，黃記煌打響了名頭，積累了一批核心用戶，有了口碑。隨著知名度的不斷提升，愈來愈多的人找上門來，希望成為黃記煌的加盟餐廳。要加盟，肯定得付加盟費，黃記煌很快收回了前期投入的成本，走上了規模化品牌連鎖的經營之路。

和一般餐飲品牌不同，黃耕是做醬包起家的，醬包算是他成功的祕密所在。因此，他對醬包有著十分深厚的感情，從沒有停止過對醬包的研發。醬包的生產最早是「前店後廠型」，後來升級成所謂的「作坊型」，再後來又升級為「中央廚房型」。到了2009年，黃耕正式建立了黃記煌的調味品工廠，讓醬包有了企業食品生產許可證，有了異地流通的通行證。我曾有幸去黃記煌的調味品工廠參觀，在8000多平方公尺的車間裡，幾乎看不到什麼人，後來問了黃耕，他說是整個車間只用了不到10人。這就是標準的減員增效。

除了醬包，制度設計也是黃記煌的一個大祕密。從2004年到2010年，黃記煌以傳統的加盟連鎖方式為主。從2011年開始，黃耕開始推行全面的合約式控股，每一個門店都是黃記煌非法人負責人的主體，而黃記煌控制了每一家門店51%的股權，這樣有助於總部更好地管控門店。2014年，黃耕在梳理企業經營脈絡時發現，合約式控股確實有很大的好處，但也存在責、權、利無法釐清的潛在風險。因此，從2015年開始，黃耕又在餐飲圈首創了有限合夥制，讓黃記煌整個體系中95%以上的門店全都成了有限合夥門店，品牌授權方黃記煌和經營方各門店之間，更清晰地劃分了各自的責、權、利。

透過上面的案例，大家應該能夠很清楚地看出，黃記煌的整個發展史其實就是企業不斷積累祕密的過程。藉由這一步步的積累，黃耕將自己的祕密愈做愈大，也讓黃記煌具備了強大的抗風險能力。

我曾在央視主持了很多年的《奮鬥》節目，見過太多感人至深的創業案例，也因此對創業者始終有一種特別深厚的感情。接下來，再給大家介紹一位我曾採訪過的創業者，也是我的一個老大哥。他是山西晉城人，在上海創業。他的創業歷程令我十分感動，因為他創業的起點真的低於塵埃，一路走來，他承受了常人無法承受之痛。

剛開始創業時，他做的是麵包坊生意。第一天開張就發生了意外，機器絞掉了他的一隻手，麵包店只好關門歇業。一般人估計很難經受這樣的打擊，但是他上有老下有小，迫於生活壓力，他帶著家人去了義烏打工。在義烏時，生活又一次無情地打擊了他。2005年，他兒子在河裡游泳時淹死了，愛人也因此出現了較為嚴重的精神障礙，失去了勞動能力。當時他家裡的全部財產加在一塊，只有2萬塊錢。

採訪進行到這裡，我已經有些絕望。各位試想一下，如果在2005年，你失去了一隻手，只會做糕點，家裡又是這種情況，身上也只有2萬塊錢，你有信心創業嗎？不客氣地說，很多創業者如果真的面臨這位大哥在2005年的局面，別說創業了，能不能堅持活下去都很難說。然而，這位大哥卻毅然走上了再創業的道路，沒有絲毫猶豫。

這位大哥用身上僅有的2萬塊錢，在上海郊區租了一間小平房，又用剩下的錢買了一台傳真機。錢花光了怎麼辦？只能挨個向身邊的朋友借。可大家都知道他家是貧困戶，還錢的可能性太小，所以基本沒人願意借錢給他。

天無絕人之路，一個和他關係不錯的老鄉跟他說：「我沒法借你現金，但我可以借你一張5萬塊錢的承兑匯票。這張匯票是我們單位的，我先把它借給你，你可以拿去抵押，看能不能弄些錢來。但是醜話說在前頭，這張匯票兩個星期之內你必須還給我，如果你還不了，不僅是你，就連我也死定了。」

這位大哥思考了一下，跺了跺腳，接過匯票說：「行，兩個星期之內，我一定還給你。」

拿著這張匯票，他找到了一家紙箱廠，問老闆：「我現在沒有現金，只有一張5萬塊錢的匯票，你能不能給我生產5萬塊錢的紙箱？」

老闆很吃驚，趕忙問道：「你要這麼多紙箱做什麼？」

這位大哥語出驚人，說：「我要做沙琪瑪，買這些紙箱是用來做包裝箱的。」

或許是精誠所至，金石為開，也或許這家紙箱廠當時的生意並不好，總之老闆看他有匯票作抵押，就把活兒接了下來，為他生產了5萬塊錢的紙箱。

接下來他做的事情令我深感意外。這位大哥帶著紙箱去了糕點廠，對廠長說：「我有5萬塊錢的包裝箱，我把這些箱子抵押在你這兒，你給我生產1萬塊錢的沙琪瑪。我肯定不會跑，因為還有4萬塊錢的箱子押在你這兒，你看怎麼樣？」

就這樣，這位大哥有了第一批價值1萬塊錢的沙琪瑪。接下來，他每天早上蹬著三輪車出門沿街售賣這批沙琪瑪，賣完後又拿著收回來的錢去找糕點廠繼續生產。在兩個星期的時間裡，他用這種方法拿到了8萬塊錢。從紙箱廠拿回抵押在那兒的匯票並還給老鄉後，他口袋裡還有3萬塊錢的啟動資金，他靠這開始了創業的第一步——尋找社會上存在的問題。

對我認識的很多創業者來說，找到兩三萬塊錢的啟動資金並不算難事，可這位大哥費盡千辛萬苦才終於走到這一步，開始尋找自己的祕密。此時，他之前在糕點行業的從業經歷給他幫了大忙。

他發現糕點行業有一個小市場一直沒人專門去做——無糖糕點。當今社會物質益發豐富，患糖尿病這種「富貴病」的患者也愈來愈多。糖尿病患者不能吃含糖量高的甜食，無蔗糖或者含木糖醇的糕點便是很好的替代品，但幾乎沒人專門生產此類糕點，市場中存在明顯的空白，這就是他選擇的創業方向。

再次見到這位大哥，是在幾年後成都召開的全國糖酒交易會上，當時他的年銷售額大概做到了六七千萬。從一無所有到年銷售額六七千萬，這位大哥透過看似緩慢但方向堅定的不斷積累，做出了常人難以想像的成績，也擁有了常人無法比擬的祕密。

北京青年餐廳董事長易宏進是我的一位老學員，我第一次在北大給人上課時就認識了他。他的故事非常勵志，他無師自通地掌握了祕密的原理，並將之運用到了極致。

第一次見面時，易宏進就給我留下了極為深刻的印象：西裝筆挺、相貌堂堂。我感覺他肯定上過大學，接受過良好的高等教育。但隨著對他的瞭解不斷加深，我才知道他只有小學學歷，初中都沒有讀完。因為家庭條件很差，易宏進不到16歲就輟學了，在北京大學門口賣油條。按照易宏進的說法，當時他每天都會跟自己說：「我以後要去北大聽課。」後來他確實進入了北大課堂，也因此成了我的學員。

當時的易宏進屬於典型的無照商販，最怕的就是城管隊員，一旦被抓住就得罰款，還要沒收他的「作案工具」。有次碰上城管檢查，別的無照商販紛紛逃走了，易宏進捨不得正在炸油條的那鍋油，抱起油鍋就跑。這下把城管隊員嚇壞了，生怕他燙著自己，連忙對他喊道：「小夥子，你別跑了，我們不追你，你趕緊把鍋放下。」他講述的這段經歷讓我無比心酸和難過，相信很多創業者都能體會我當時的心情。這也印證了那句老話：「吃得苦中苦，方為人上人。」

不得不說，大多數城管隊員還是很有人情味的。見他這麼苦，有位城管隊員將他介紹到北京陶然亭公園北門附近的一家烤鴨店賣早餐，一賣就是好幾年。後來，這家烤鴨店倒閉了，店主問他是否願意接手，他尋思了一下，就把這家店盤了下來，改名叫青年餐廳，一晃就幹了20多年。在這20多年中，全國有30多家青年餐廳的分店陸續開業，易宏進的名聲也從北京飄向了天津，飄向了上海，飄向了全國，青年餐廳現在成了全國知名的餐飲品牌。

每次和他談論祕密的話題時，易宏進都非常興奮。他告訴我：「我們現在有很多祕密了，不放油就能炒的魔鬼炒飯、美容養顏的香辣美容蹄、酸味很怪的酸湯魚片等，實在是太多了。我的老本行也從來沒扔下，我相信沒有其他餐廳的油條、包子，能比我們做的更好吃。」

他說的這些祕密都是一點一滴積累出來的，剛開始時只有炸油條。

透過我說的這三個案例，你會發現，現實生活中很多看起來非常成功的大公司或創業者，都是經過長期積累才有了今天誰也學不會、搶不走的祕密。若是你至今還沒有找到自己的祕密，千萬不要太過自責，只不過是你的積累還沒有到位。

②如果沒有祕密，不妨假裝自己有祕密

如果你的公司實在沒有祕密，那麼怎麼辦呢？我給大家介紹一個最簡單的辦法——假裝自己有祕密。

不管你有沒有祕密，你都得讓你的員工和合作夥伴相信你的企業有祕密，這樣才能有效提升他們的信心，支撐他們一直跟著你走下去。

安迪・葛洛夫是英特爾公司的創始人之一、董事長和前CEO，他曾在矽谷論壇上被問及一個問題：「當你不能確定你或你的公司的發展趨勢時，你如何引導公司發展呢？」

他的回答是：「部分在於自律，部分在於『欺騙』，而『欺騙』會變成現實。『欺騙』其實就是你在給自己、員工和合作夥伴打氣。如果你表現得自信，那麼經過一段時間，你會變得更加自信，『欺騙』的成分因此減少。」

安迪・葛洛夫深知，很多員工見到他的機會並不多，因此他會在員工面前「表演」。即使是短暫的互動，安迪・葛洛夫也會向員工展示他的親切和對未來的信心，讓員工知道自己可以放心地把未來交給這位英特爾的領導者。有時心中並沒有明確的答案，安迪・葛洛夫也會假裝

自己知道，並表現出一副有活力、有強烈競爭心的模樣。正是這種假裝出來的躊躇滿志，讓英特爾公司的全體員工和合作夥伴對他和公司充滿信心，並讓英特爾公司最終取得成功。

很多公司起初並沒有祕密，它們都是透過假裝自己的專利、配方或者理論有祕密，進而占據市場。即便這些都是子虛烏有的事，經不起推敲，也能暫時贏得合作夥伴的信任和尋找真實祕密的時間。時間是每一名創業者最需要的東西，市場不會等待你和你的企業壯大，你只能自己爭取時間，孕育出祕密之花。

要知道，祕密屬於會動腦子的人，你需要做的是始終堅持自己選定的方向，慢慢積累優勢，並想方設法改進自己的不足之處。時間一長，優勢便會成為「勝勢」，成為你的祕密所在。

找到祕密之後，你得先做驗證

祕密有好有壞，有大有小。當你絞盡腦汁找到一個祕密時，第一反應肯定是腎上腺素大量分泌，興奮異常，恨不得立刻投入重金一展拳腳，但只爭朝夕並不是創業的正確姿勢。

我勸你先平靜下來，要知道，一切沒有找對祕密的創業都是在謀財害命。謀的可能是你一家人的財，也可能是投資人的財，而害的肯定是你的創業生命和員工的職業生命，有時還會危害家庭。那麼，如何才能確定自己是否找對了祕密呢？你需要驗證下面兩個概念：「價值假設」和「增長假設」。

①價值假設

所謂價值假設，是假設客戶在使用你的產品和服務時，能夠實現他們的價值需求。而驗證價值假設，簡單說來就是在創業之前，你應當先弄明白自己即將做的這件事到底有沒有價值；價值是真實存在的，還是僅僅停留在你的想像中。

樊登讀書有位女性會員，她是廣播電臺的夜間談話主持人。在主持節目的過程中，她認為自己發現了一個市場空白，於是輾轉找到了我，跟我說了她的創業想法。

「樊登老師，自從聽了您講的關於創業的書，我的創業夢想被點燃了，一直都在按照您說的方法尋找可能存在的又大又痛的社會問題。前幾天做節目時，我覺得自己終於找到了。

「我是做夜間談話節目的，每晚都有人跟我傾訴，說跟母親或者父親的關係不好。其實他們心中有愛，但面對父母就是張不開口，只好說給我聽。我覺得這裡邊潛藏著一個巨大的市場，中國人的表達方式比較含蓄內斂，不像西方人那樣有愛就能大聲說出來。這就是我找到的創業方向，他們不好意思直接跟家人表白，完全可以說給我聽。我錄下來之後製作成廣播劇，再配上背景音樂，叫做《我的老父親》或者《燭光裡的媽媽》都行，他們可以在合適的場合或環境下放給父母聽，效果肯定非常好。一次收費不用多高，幾百塊錢就可以，性價比遠超過生日蛋糕。這個潛在市場太大了，我們的成本也不高，完全可以靠量取勝。」

她的口氣十分興奮，我就知道事情不妙，連忙問她：「你驗證過自己的這個想法嗎？」

這位女孩非常堅定地跟我說：「不用驗證啦，我對這個想法很有信心。我已經將工作辭了，還把家裡的一套房子賣了，又找了幾個志同道合的夥伴湊了300萬，租了300平方公尺的場地，開了一家咖啡館。我在咖啡館中間佈置了一間錄音室，專門做我跟您說的這件事。平時沒有業務的時候，還可以順便賣咖啡，現金流肯定斷不了。」

聽了她的話，我知道木已成舟，再建議她驗證價值假設已經沒有多大意義了，只好祝她創業順利。

有些人創業特別講究「姿勢」，這一點我在輔導我太太創業時深有體會。就跟女孩打高爾夫球一樣，打得好不好是其次，最重要的是揮桿的動作一定要優雅，最好有專人負責拍照發朋友圈。

什麼樣的創業算得上「優雅」呢？先得租個裝修高檔的辦公室，地方不能太小，最好能在市中心的繁華地段。祕密的價值還沒有得到驗證，大把的現金就如流水般花了出去。除此之外，這位女孩還「創意」地開了一家咖啡廳，這可是一個深不見底的行業，外行人很難涉足，我對她們的創業前景十分憂慮，因為她創業風險之高令人膽戰心驚。

要想攻破客戶的心理防線是多麼困難的一件事。大多數中國人的性格原本就比較內向，羞於情感表達，關係愈親近就愈是如此。有些話當著面不好意思說，錄成錄音就好意思播嗎？這個祕密的價值原本就無法得到驗證。

半年之後，我參加樊登讀書的一個線下活動，這位女孩帶著一臉愁容也來參加了。我看她的狀態不太好，便關心地問她：「最近怎麼樣？客戶積累了多少？」

她很坦白地告訴我：「幹了將近一年，付費的一個都沒有，只給朋友錄了幾個免費的。對方播沒播、播出的效果如何，這些我都不太清楚，也不好意思問。」

我又追問了一句：「那你的咖啡館呢？經營得還好嗎？」

聽到我的問題，她的情緒更加低落了，小聲跟我說：「咖啡館也天天賠錢，每天都有好多學生來咖啡館裡寫作業，點一杯檸檬水就能坐一天，怎麼趕也趕不走。前期湊的300萬沒多久就賠光了。因此，我跟我老公經常吵架，合夥人也找我算帳，說我騙了他們。被逼無奈，我只好又回廣播電臺打工。」

這位女孩的問題出在哪兒？對，她在投入300萬元啟動資金之前，並沒有對祕密的價值加以驗證。這世上每天都會出現很多相當棒的想法，但大多數僅僅停留在「看起來很美」的層面。如果你不去驗證，就沒法知道它是對是錯、能不能真正為用戶帶來價值。在這個基礎上創業，失敗的風險很大。

我是如何驗證祕密的價值的呢？大家都知道樊登讀書做的是線上知識付費，其實這件事的價值在我給EMBA班上課時就已經得到驗證。

我一開始之所以會做樊登讀書這個產品，是因為看到很多人不讀書，很著急。我自己是一個靠讀書解決所有生活問題的人，甚至透過看書來解決孩子的教育問題，我是一個快樂的父親。

我的初心是想解決一個社會問題。剛開始，我告訴EMBA班上的學生，你們誰願意讀書就給我交300塊錢，我每年透過電子郵件給你發50個PPT，都是我講的書。

就這樣，我發展了自己的第一批會員。在很長一段時間裡，這批會員很少給我直接回饋。這時我做了一件事情，我給其中的一位會員打電話，問他：「你收到我的PPT了嗎？讀了沒有？感覺怎麼樣？」

那個人特別客氣地跟我說：「收到啦，只是沒抽出時間來讀，放著過年一塊兒讀。」

50個PPT，過年那段時間肯定讀不完，很明顯這位會員在敷衍我，他買回去後並不打算認真看。這說明什麼問題？說明我當時找到的祕密並不對，但這件事情本身很有意義，它驗證了本節的主題——價值假設，說明確實有人願意為這50個PPT買單，這是核心。在驗證了價值假設之後，我開始不斷優化這個產品，從電子郵件發PPT，發展為開微信群做直播，再後來開微信公眾號，一步步優化到了App。

親愛的創業者朋友們，如果你確實相信自己找到的社會問題夠大、夠痛，確實願意為自己的祕密付出大量的時間、金錢和精力，那麼請你務必先去驗證它的價值。哪怕你認為你賣的是一個無比正確的產品，也要先行驗證。

請記住，驗證的最好方法是賣，而不是問。在這個世界上，想當創業導師的人太多了，很多人都能對你的創業思路指點一二，但如果讓他掏出真金白銀來支持你，他就會認真地考慮是否值得。所以，價值假設最好的驗證方法，就是收費。

②增長假設

在驗證了祕密的價值之後，接下來還需要驗證這個祕密的增長能力，也就是我經常說的增長假設。如果客戶使用你的產品後，覺得確實很好，能夠滿足他的實際需求，體驗也不錯，那麼他會推薦給其他客戶，為你進行轉介紹。這樣一來，就能產生「讓客戶帶來客戶」的銷售效果，讓產品的銷量持續增長。這一點我在後面的章節中會詳細介紹，此處不過多展開。

為了讓創業者能夠更加直觀地理解這兩個假設，我總結了兩句話，在此和大家分享。

第一句說的是價值假設——客戶是否會為你的產品或服務尖叫？因為只有給客戶提供足夠的價值和服務時，他們才會尖叫。

第二句與增長假設有關——客戶是否會把你的產品或服務推薦給他的朋友？因為只有推薦給他的朋友，你才能擁有更多客戶，企業才有可能實現快速增長。

在這兩個假設都成立的前提下，你的產品或者商業模式才有可能成功。但如果找到祕密後，你過於興奮，在這兩個假設都沒有得到驗證時，就急不可耐地生產產品、投入市場，那麼最後往往會被打擊得頭破血流，浪費精力。

打造最小化可行性產品

對創業者來說，最大的浪費不是員工上班時間上微博、逛淘寶，不是打了廣告沒效果，而是辛辛苦苦找到的祕密得不到客戶的認可，做出來的東西沒有人用。後者才是創業公司最不應該犯的錯。

網路時代早已不再是線性時代，過去所有的商務邏輯都已被數位化，我們對這個全新的世界瞭解得太少，只能不斷探索和成長。但是，創業者手上的錢大多十分有限，無法承受大的風險，怎麼辦？我給你們支個招——MVP，學會用最低風險的方式去探索未來。

MVP是英文Minimum Viable Product的縮寫，翻譯過來叫「最小化可行性產品」，這是艾瑞克・萊斯在《精益創業：新創企業的成長思維（精實新創之道：現代企業如何利用新創管理達成永續成長〈繁中版〉）》一書中提出的理念，它得到了許多創業者的認可。

具體來說，當你想要嘗試你的想法時，風險最小的方式是在開始時不要投太多錢，而是先做一個簡單的原型，也就是最小化可行性產品，然後透過測試，收集用戶的回饋，快速反覆運算，不斷修正產品，最終適應市場的需求。MVP有兩個關鍵點，分別是最小化和可行性，讓我分而論之。

①最小化

我深知MVP的重要性，因此當我創辦樊登讀書時，一分錢都沒有投，我不需要創業的姿勢。我在北京沒有辦公室，就在家樓下的咖啡館辦公，每次花20多塊錢，水電費都不用交，誰要是來拜訪我還得自己買單。我的原則是掙來的錢儘量不花或少花，所以我用發電子郵件的方式來驗證我替別人讀書這件事是否可行。

美國的Groupon號稱人類歷史上做到十億美元營收用時最短的公司。Groupon相當於美國的美團，你可能無法想像，這樣一家開啟美國「全民團購時代」的超級獨角獸，最早的MVP竟然一分錢也不用花。

這家公司發現的社會問題就是團購需求。他們找到了生產T恤的廠家，談定了8美元一件的團購價，但必須湊夠100件才能生產，而類似的T恤在市場中正常的售價是12美元，存在4美元的差價。重要的是，廠家還負責送貨上門。

接下來，這家公司的員工去美國的各大論壇發帖子，以10美元一件的價格徵集意向客戶，不到一天的時間便湊夠了100個。於是，他們將800美元的貨款支付給廠家，廠家在很短的時間內生產並發貨，一次交易就此完成，毛利潤是200美元。除了人工成本，這家公司並沒有額外花銷。

所以，你可以打造一個最小化可行性產品，能不花錢最好就不花錢，能花1萬搞定的事情就別花5萬，能花10萬的就別花100萬。有些創業者的手筆比較大，動不動先租個店面，我的建議是千萬別這麼幹，風險太大了。一個初創企業，完全沒有必要租個店面，這樣太鋪張。能不能先租個櫃檯？能不能先去別人的店面分一個角？

那些含著金湯匙出生的創業者可能願意花500萬做一個最小化可行性產品，但對一般的小資本創業者來說，一二十萬就已經是一個相當大的數字。如果花了20萬還沒有實現前期定下的市場目標，那就趕緊撒手。要知道，那些「鍥而不捨」的傳說實際上是創業者的毒藥。

當下許多媒體願意將目光聚焦於那些聲名赫赫的創業英雄身上，認為經歷千辛萬苦，在前景看似暗淡無光的情況下最終力挽狂瀾，才是勝利者應該有的故事。然而不幸的是，很多無名創業者的故事卻無人關注，他們「咬定青山不放鬆」，明知風險巨大依然不管不顧，最終走向破產。而對初創型企業來說，MVP的目的就是將轉彎的成本最小化，因為公司資本小，決策成本低，創業者做出改變的方式相對比較輕鬆。

②可行性

雖然我一直在強調要儘量控制前期成本，將風險降到最低，但並不意味著我不重視產品的可行性。很多創業者瞭解了MVP的概念後，似乎都將重點放在了「最小化」上，而忽視了「可行性」的部分，以至於他們給出的解決方案非常不穩定，產品很難用。給大家舉幾個我身邊的例子。

有朋友給我送過一套「智慧家居」系統，可以用來控制家裡的燈光和門鎖，還能讓我在離家時監控屋內的情況，看看老人和孩子有沒有出現意外。看起來確實蠻有用，但是這套系統三不五時就會出點問題：不能按時控制燈光，門鎖有時也打不開。在家裡的Wi-Fi中斷時，這個系統也會中斷，我便只能將其束之高閣。

我太太是做美容行業的，比較關注體重和健身。出於這方面的考慮，她在家裡的浴室放置了一個智慧體重機，可以透過Wi-Fi直接連接到健身設備。這個體重機的電池需要每年更換一次，可是在我換完之後，它竟然「忘了」我家的Wi-Fi設置，結果我又花了半個小時用電腦和各種行動設備才重新把Wi-Fi連上。

我還有一個能聯網的體溫計，需要安裝4節7號電池才能使用，但是電量最多只能待機一週。這便導致我每次使用時都得為它更換電池，畢竟沒多少人會一週發一次燒。

良好的用戶體驗應該是最小化和可行性二者的有機結合。如果過於重視成本控制、忽略了產品的可行性，最終只會產生糟糕的用戶體驗。很多創業者項目的研發過程比較長，無法實現快速反覆運算，又與客戶的生活環境息息相關，因此更需要重視產品的可行性，否則會嚴重影響客戶的體驗。

該如何避免這個問題呢？關鍵在於「平衡」，把成本的「最小化」和產品的「可行性」結合起來，放在同等重要的位置。只有真正實現兩者的平衡，才有可能找到真正能夠打動客戶並讓客戶願意買單的產品。

融資需有度，錢不是愈多愈好

我想告誡所有創業者，在尋找祕密的過程中，千萬不要忽略現金流，現金流出問題是很多創業公司倒下的一個重要原因。我見過特別多的創業公司，在前期一直處於純投入階段，創始人心比天高，卯足勁兒想為自己打造一條足夠寬的護城河。但是，他們對現金流不夠重視，一旦融資環節出現了問題，資金鏈條斷裂，立刻樹倒猢猻散，所有的前期投入都打了水漂。所以，在發現祕密的過程中，一定要把現金流放在非常重要的位置。

強調一下，我希望創業者重視現金流，並不是鼓勵創業者不斷尋找更多的融資，這是兩個完全不同的概念。所謂正向現金流，顧名思義就是你得有不斷流進來的現金，讓自己的公司盡可能處於盈利狀態，而不是靠融資續命。

有融資肯定是件好事，手中有糧，自然心中不慌。但融資需有度，錢並不是愈多愈好。很多看起來美好的項目，尤其是二次創業，最終都死於手裡的錢太多。即便你有融資的能力，也別融太多錢，這對二次創業者而言，是潛在的巨大風險。

前段時間，我跟曾任《中國企業家》雜誌社社長的劉東華一起吃早餐，他從雜誌社離職後創立了正和島，想和我探討合作的可能。在邊吃邊聊的過程中，我跟他提出了我的觀點：「我認為，二次創業之所以失敗率這麼高，很大一部分原因就是錢太多了。」

劉東華非常肯定地點了點頭，說：「對。」

我連忙問他：「你也這麼認為？為什麼呀？」

他自嘲地笑了笑，說：「我就是一個典型的例子。我接過《中國企業家》雜誌的時候，手裡一分錢都沒有，真算得上一窮二白。怎麼辦？只能是用心打磨每一篇文章，保證所做的每件事都是對的，因為我們犯不起錯誤。」

我對劉東華的說法頗為贊同，他和老牛都是我十分欽佩的媒體前輩，正是因為他們對內容的嚴苛要求，才有了後來生存能力極強的《中國企業家》雜誌。這一批認真敬業的媒體人扛起了中國商業媒體的大旗。他接下來的話令我十分震撼。

「媒體人你也瞭解，認識的人比較多。2012年，我離職創辦正和島，比較容易就能獲得幾個億投資，馬雲、柳傳志他們也都願意給我投錢。錢來得有點太容易，我一度比較激進，現在想來很不應該。

「手裡有了錢，很快就組織了一個200人的團隊，運營成本可想而知。後來有一天，我和馬雲聊天，馬雲在知道正和島現在有200人後，很嚴肅地告誡我：『竟然用200人的團隊來經營一個社群，太奢侈了。現在膨脹得很厲害，趕緊回去裁員。』

「馬雲的話點醒了我，回去後我總結了一下，之所以會犯這樣的錯誤，是因為我過於膨脹了，沒有管理好自己的心。」

確實如此，很多二次創業者在拿到大量融資後，心態出現了明顯的膨脹，思維方式出現了很大的轉變。由於沒有資金上的壓力，沒有生死存亡的危機考驗，他們便很容易循著最令自己舒服的套路，按部就班地往前走，風險的因數就此埋下。反正賬上有錢，那就先花錢培養用戶，然後花錢買榜吸引關注，接下來花錢推廣品牌。每一天都想盡辦法花錢，突然有一天，資本寒冬到了，投資方答應投的錢到不了賬，那就只有死路一條。

第四章

反脆弱的結構設計

低風險創業的核心，其實體現在反脆弱上。創業是一個複雜的行為，沒有人能透過簡單地模仿複製別人的成功。任何創業祕密、商業節奏和團隊管理手段，離開了特定的環境和背景，都難以複製。真正能夠有效地幫助創業者降低風險的，是反脆弱的結構設計。

學會從不確定中受益

如果問大家「創業最怕的是什麼」，相信每個創業者都會給出自己的答案。一千個人心中有一千個哈姆雷特，一千個創業者心中自然也會有許許多多最害怕出現的事情：大到經濟環境惡化、相關政策調整，小到原材料漲價、關鍵員工離職，凡此種種，不一而足。這些潛在的風險其實都是表象，歸根結柢，大家都害怕一件事——可能出現的不確定性，而我給出的解決方案是「反脆弱」。每個渴望降低風險的創業者都必須非常瞭解反脆弱的精神。

前段時間，我跟一位期貨操盤手聊天。他跟我說：「我總算明白養豬大戶那麼多，動不動就養成千上萬頭豬，但大多數都掙不到錢的原因了。」

一位期貨操盤手，在業內也頗有名氣，竟然還對養殖業有研究，這讓我非常好奇，便問他：「你認為原因是什麼呢？」

他不假思索地說：「養豬的人都有一個共同的特點，一開始養100頭豬，賺了錢以後就養200頭，200頭又賺錢了，接著再養200頭……直到豬瘟發生，全部賠進去。」

這就是脆弱性。特別多的初創企業倒閉都是這個原因，這些創業者沒有思考過脆弱與反脆弱的關係。要想弄明白什麼是反脆弱，先得瞭解一個概念——黑天鵝事件。所謂反脆弱，其實就是如何應對黑天鵝事件，從隨時可能發生的不確定中受益。

黑天鵝事件的概念，最早是由著名風險管理理論學者納西姆・尼可拉斯・塔雷伯在《黑天鵝：如何應對不可預知的未來（黑天鵝效應：如何及早發現最不可能發生但總是發生的事〈繁中版〉）》一書中提出的。這本書對我影響很大，我的很多觀點和做法都源於這本書，創業者朋友們如果有機會，不妨都深入學習一下。

在發現澳大利亞的黑天鵝之前，歐洲人一直認為天鵝都是白色的。隨著第一隻黑天鵝的出現，這個不可動搖的信念崩塌了，歐洲人根據幾百萬隻白天鵝得出的結論被徹底推翻。所謂黑天鵝事件，指的是不可預測的重大稀有事件。它在意料之外，卻又改變一切，這就是不確定。人類總是過度相信經驗，而不知道黑天鵝事件出現一次就足以顛覆一切。

在塔雷伯看來，一次典型的黑天鵝事件往往具備以下三個特性。

①意外但必然性

黑天鵝事件往往出現在通常的預期之外，也就是在過去沒有任何能夠確定其發生的證據，但它一定會發生。

②衝擊性

黑天鵝事件一旦發生，會給原本發展態勢良好的社會、組織或個人帶來致命打擊，產生極端後果。

③事後可預測性

雖然黑天鵝事件具有意外性，但人的本性促使人們在事後為其的發生編造理由，並且或多或少地認為它是可解釋和可預測的。

回顧過去，極少數根本無法預料卻影響巨大的黑天鵝事件，甚至能影響一個國家的命運，自然也會影響每一個創業者的命運。

金山、卡巴斯基等防毒軟體曾雄霸中國市場，但360防毒軟體卻不按規則出牌，高舉免費大旗，讓收費防毒軟體失去了市場基礎；諾基亞、摩托羅拉等品牌在手機製造事業如日中天時，永遠想不到智慧手機的出現會讓自己徹底淪落；滴滴打車的異軍突起，也讓傳統計程車行業感受到陣陣寒流。

《黑天鵝：如何應對不可預知的未來》這本書中有一個核心的假設：你不需要去猜測黑天鵝事件，因為它一定會發生。這是大前提，就像你這一輩子總會遇上一些難以想像的、特別恐怖的事一樣。既然黑天鵝事件的發生是必然的，並且會產生致命的打擊，那麼如何應對就成了每一個創業者的必修課。創業的脆弱性愈來愈強，風險也愈來愈大。在看也看不清的變數裡，如何才能未雨綢繆、立於不敗？塔雷伯在他的另一本書《反脆弱：從不確定性中受益（反脆弱：脆弱的反義詞不是堅強，是反脆弱〈繁中版〉）》中，給出了解決方案——反脆弱。

那麼，什麼是反脆弱？就是當你知道黑天鵝事件一定會發生的時候，你必須具備的一種能力——變得更好，而不是保持不變，或者變得更糟糕。說到這裡，需要先明確一個觀點：反脆弱絕不等於堅強不屈，創業者們一定要分清堅強和反脆弱的區別。

如果你將一只玻璃杯扔在地上，那麼它肯定會摔個粉碎，即便杯子是鋼化玻璃材質，只要你稍微用點力，依然也逃不過這個結局。玻璃杯是脆弱的，當「突然被扔到地上」這個黑天鵝事件發生時，它的下場會很悲慘，連絕地反擊都做不到。

如果你將一只鐵球扔到地上，它不會發生任何改變。那麼，這只鐵球是反脆弱的嗎？不是。它能從黑天鵝事件中受益嗎？不能。它最多能在地面砸出個坑來，這叫堅強，即在黑天鵝事件發生時保持不變。

但是，如果你將一個乒乓球扔在地上，會發生什麼情況？顯然，它會在碰觸地面的瞬間反彈起來，扔的力度愈大，彈得就愈高，這就是從不確定中受益。乒乓球具備的正是反脆弱的能力。

脆弱的反面並不是堅強。堅強只能保證創業者在不確定中維持原狀、不受傷，卻沒有辦法更進一步、讓自己變得更好。而反脆弱的能力，不僅能讓創業者在必然出現的不確定風險發生時保全自我，還能讓其變得更好、更有力量。

人體是反脆弱的典型代表。人如果得了重感冒了，就會發高燒。高燒的目的其實是殺死感冒病毒，而感冒痊癒後，人體對同種感冒病毒的抵抗力就會增強。

大家小時候都注射過各種疫苗，疫苗其實就是病毒，只不過病毒含量比較微小。接種疫苗的過程，就是主動讓人體接觸微量病毒的過程。很多人在接種疫苗之後都會發燒，就是在抵抗這種病毒的入侵。但人體只要接觸這種病毒一次，就會產生抗體，使自身具有反脆弱性，以後就很可能再也不會得這種病了。

在創業的過程中，除了會遭遇黑天鵝事件，還常常要面對能夠給你帶來進步機會的挑戰。所以，你需要具備反脆弱的能力，主動為自己設計一整套反脆弱的商業結構，增強自己的軟硬本領，努力從中獲益。騰訊和奇虎360之間的「3Q大戰」就是一個很好的例子。

騰訊強迫用戶在QQ和360之間進行「二選一」的時候，發現竟然有很多用戶選擇了360。這個結果出乎馬化騰的意料，讓他意識到一個新的問題：過於強勢的網際網路公司往往會讓用戶產生逆反心理。

於是，騰訊改變了競爭策略，提出了著名的「半條命原則」——我們只留半條命，把另外半條命交給合作夥伴。此後，騰訊開始了大範圍的商業投資，全面尋找各領域的合作夥伴。

大家都知道，京東商城透過「6・18」年中大促和「雙11」掙了很多錢，但從中受益最大的不是創始人劉強東，而是騰訊，它占了京東商城18・1%的股份，是其第一大股東。

2017年10月23日，閱文集團在港交所上市，騰訊在其中占了65・38%的股份，是不折不扣的第一大股東。

2017年11月9日，「死磕百度15年」的在紐交所上市，創始人王小川占股5・5%，大家猜一下第一大股東是誰。還是騰訊，它擁有搜狗43・7%的股份。

2018年7月26日，成立不到3年時間的電商平臺拼多多在美國上市，它號稱中國網際網路最快上市的企業，市值趕上了京東商城的2／3，而騰訊在其中占股18・5%。

……

上面說的這些投資案例給騰訊帶來了極其豐厚的回報，但這對於騰訊來說也只是九牛一毛。騰訊投資的公司業已滲透大家的「衣食住行」：社交用微信、QQ，支付也用微信，出行用騰訊投資的滴滴打車、摩拜單車，購物用騰訊投資的京東商城，看電影用騰訊視頻，聽音樂用QQ音樂，看小說用閱文的平臺，吃飯也要用騰訊投資的美團、大眾點評……。

大家發現了嗎？騰訊已經從過去的「企鵝帝國」轉型成一個龐大的生態系統。變成生態以後，誰都不怕騰訊，甚至希望可以招來騰訊的投資，共生共榮。這就是騰訊反脆弱的表現，一件壞事讓它變得更加強大。

360也一樣，因為「3Q大戰」，創始人周鴻禕差點陷入牢獄之災，但在事情結束後，他的知名度暴漲，業界地位顯著上升，這是360反脆弱的表現。後來，我在和周鴻禕聊天時，問他：「你覺得誰才是『3Q大戰』最後的贏家？」周鴻禕告訴我：「雙方都贏了，兩家企業都具備超強的反脆弱能力。」

從不確定中找到生存點和發展點，這就是低風險的創業過程。

設計反脆弱的商業結構

前段時間，我去了一趟義烏。我問一個當地賣包的商人：「你的生意好做嗎？」

他苦著臉對我說：「過去挺好的，但現在一落千丈。」

我連忙問他原因，聽完後哭笑不得。大家不妨猜一下，他說的原因是什麼？

他跟我說：「最大的原因就是不讓我們印鋼鐵人了。」

在卡通片《喜羊羊與灰太狼》霸占螢幕時，大街小巷都是與之相關的周邊產品，從書包、尺、鉛筆盒，到抱枕、絨毛玩具，各式各樣，應有盡有。後來，鋼鐵人風靡全球，義烏的很多商人又將目光轉向了漫威影業，在各種周邊產品上都印上了鋼鐵人的圖樣，銷量火爆。

隨著時代的進步，我們愈來愈重視對智慧財產權的保護。如果未經正式授權，鋼鐵人的圖樣便再也不讓隨便印了，這對義烏的商人來說就是一隻突然出現的「黑天鵝」。原本暢銷全國的周邊產品，其銷量出現了斷崖式下滑。為了應對這一情況，他們就將一些跟鋼鐵人很像的形象印在產品上，但效果並不是很好，日子也愈來愈難熬。

反觀漫威影業，為了打造蜘蛛人、鋼鐵人、綠巨人、美國隊長這些享譽全球的超級IP，它每年都會拍幾部商業電影，由此構建出愈來愈宏大的「漫威宇宙」。漫威影業拍的電影絕大多數都不賠錢，IP賣出去更賺錢。即便黑天鵝事件不期而至，一個或幾個IP出現問題，還有大量的替補，「漫威宇宙」也不會因此受到致命衝擊，這就是漫威設計的「反脆弱結構」。聽說漫威影業最近又推出了新的超級IP「驚奇隊長」，如此往復，生生不息。迪士尼、麥當勞、英特爾這些公司都是如此。

什麼叫做反脆弱的商業結構？讓我們用圖來表示（見圖4-1），X軸表示成本，Y軸表示收益。一個具備反脆弱能力的創業項目，最重要的設計特徵是成本有底線，即便你一直虧本，最多到達成本的底線，而不會無休止地虧下去。但收益卻沒有上限，我們可以不停地賺錢，不會出現明顯的「天花板」。

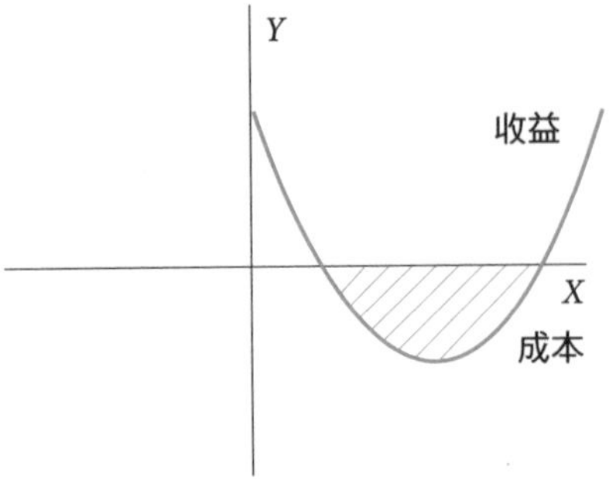

圖 4-1　反脆弱的商業結構（示意圖）

再來看看脆弱的商業結構（見圖4－2）：成本無底線，而收益卻有上限。你們見過這樣的生意嗎？如果一切順利，自然能夠賺錢，但賺的錢是有上限的，一旦虧錢卻是一個「無底洞」，這種生意模式的風險很大，比如開飯館。可能大家都不知道，我也曾開過飯館，這是我唯一失敗的創業經歷，希望創業者朋友們引以為戒。

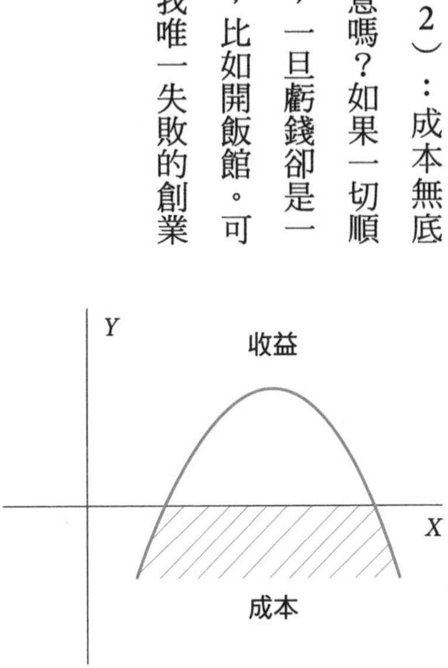

圖 4-2　脆弱的商業結構（示意圖）

餐飲行業是典型的「四高一低」：稅費高、房租高、原材料成本高、人力成本高、利潤低。換句話說，餐飲也是一個非常燒錢的行業。開一家飯館，單房租和裝修就是一筆不小的成本投入。不會控制成本的飯館，最終必死無疑。

我開的那家飯館用的是自己的商鋪，不用繳付房租，「四高」裡少了一高，在成本上其實比較有優勢。剛創業時想得很簡單，不用選址交房租，剩下的無非就是運營費用，賣幾碗麵不就掙回來了嗎？為了這個想法，我還在老鄉中小範圍地搞了一次群眾募資，籌到了100多萬元的啟動資金。

飯館的收益上限很明顯，總空間是有限的，即便翻桌率再高，能產生的收益也是受限的。

更何況，對一家新開的飯館來說，提升翻桌率可不是朝夕之功。餐飲行業對黑天鵝事件的抵禦能力很差，一旦門口修路或隔壁裝修，就會讓生意大幅度下滑，甚至有可能天天賠錢。但稅費和人力你都省不下來，總不能因為沒有顧客就讓廚師回家休息。時間一長不見情況好轉，我只好讓飯店關門止損，把鋪位租了出去。

天天賠錢對一般的創業者來說，是一件很可怕的事情，因為你看不到希望，對未來失去掌控，繼而會產生巨大的壓力。之前說過，壓力會使皮質醇水準偏高，讓人情緒焦躁。這是一個惡性循環，你情緒焦躁可能會影響員工的工作態度，廚師情緒焦躁可能會影響菜品質量和口感，而服務員情緒焦躁就有可能導致大量內耗。

我有一個很有錢的好朋友開了一家潮汕海鮮酒樓，一年虧了2000萬，連續虧了幾年。一個人再有錢，也禁不住這樣虧下去。在我的「現身說法」下，他最後也只能忍痛關門歇業。盤點時才發現，店裡的服務員內外勾結，不僅虛報採購價，就連盤子都背著他偷偷賣掉了。在這種情況下，高風險才是常態，而且永無止境；賺錢反倒屬於意外了。

所以，當你找到一個社會問題之後，需要事先設計一個具備反脆弱結構的商業模型，才能具備一定的反脆弱能力，才有可能應對隨時可能出現的黑天鵝事件。否則，下一個倒下的可能就是你。

心細的朋友可能會問：「樊登老師，麥當勞也是開飯館的，但你之前說它是反脆弱商業結構的典型代表，這是不是相互矛盾了？」在這裡，我有必要進行詳細說明。

從表面上看，麥當勞確實從事的是連鎖餐飲行業，並且將店鋪開到了世界各地。但事實真是如此嗎？也不盡然。麥當勞最重要的產品，並不是薯條、可樂、漢堡和玩具，雖然它是世界第一大玩具經銷商（根據研究機構Nutrition Nibbies的資料，麥當勞每年透過全球3・7萬家門店向外輸出超過15億個玩具），銷量遠超另外兩大玩具經銷商——玩具反斗城和沃爾瑪。

麥當勞做的其實是智慧財產權生意，店鋪就是IP，這才是它最重要的產品。麥當勞的店鋪實現了高度的標準化，加盟費為250萬〜320萬元人民幣，包含了餐廳的裝修、招牌、設備等費用。在確定店址之後，總部還會抽取加盟店產品營業額的17%〜23%用於支付房租、產品專利費和服務費，人員的招聘與工資結算則由加盟商自主把握。

在創業之初，麥當勞只是一家成功的速食店，第一家賺到錢後就開了第二家、第三家……遵循了傳統的創業模式，而並不具備多強的反脆弱能力。幸運的是，麥當勞並沒有這樣一直將分店開下去，而是很快轉變了商業結構，走上了加盟連鎖的可複製道路，打破了收益的「天花板」，而成本卻由加盟商自己買單。這樣一來，麥當勞便擁有了極強的反脆弱性，即便黑天鵝事件真的出現，也不會對其產生致命的影響。

樊登讀書其實也一直踐行反脆弱的商業結構。我經常跟小夥伴們開玩笑：「你們別得罪我，否則我就把公司關了，自己在家錄課在家講，讓各大知識付費平臺分銷。完全不用養人，風險比現在小多了，還能掙更多的錢。」

有時也會有小夥伴反駁我：「樊登老師，你自己錄不得花錢搭攝影棚嗎？」

面對這種質疑，我總是笑著回應：「我就在家錄，家裡的隔音效果很好，不用搭棚子。另外，我再找幾個從事攝影行業的朋友過來幫忙拍攝，一天就能錄四期，給點車馬費就好。這樣算下來，每期的製作成本極低，比現在划算多了。」

當然，這只是玩笑。樊登讀書能走到今天，離不開每一個小夥伴的智慧與汗水。大家的付出我都看在眼裡，記在心中，時刻感恩。隨著自身的不斷發展，如今的樊登讀書已經是一個大家庭，愈來愈多志同道合的小夥伴加入了我們的隊伍，總人數也達到了兩三百人。雖然固定成本增加了，但還是有底線的，而收益卻不存在上限。樊登讀書現在（2019年初）的用戶超過了1600萬，即便這個數字再翻一倍，上升到3000萬，需要的團隊人數還是這兩三百人。

反脆弱的商業結構，其實就是將失敗的成本控制在最低限度，同時不斷放大收益的上限。一旦形成這樣的商業結構，企業的抗風險能力就會極大地增強，即便出現巨大的黑天鵝事件，你也有充分的轉圜餘地，可以自由選擇下一步的發展方向。

找到「非對稱交易」的機會

創業的真相在於你要認清這個世界不是線性的。在很多人頭腦中都存在非常深刻的線性思維：「我現在一年能攢20萬，背了200萬元房貸，需要10年才能還完」、「我現在是5崗，每年升1崗，8年後才能升到13崗」、「我現在是科員，5年升一級，20年後有可能升到正處」……

不瞞大家，我在十年以前想像我十年以後的生活就是：「我終於還完了房貸，跟我兒子嘟嘟說，爸爸從今以後不用再還房貸了，咱們慶祝一下。」十年前的我，壓根想不到在2018年「雙11」的時候，樊登讀書僅僅做了一個促銷活動，三天時間就賺到兩個億，會員總數從2017年的300萬飆升至1200萬，兩個月後又發展到1500萬。

樊登讀書的發展速度是線性的嗎？顯然不是。這個世界是曲線的，真正按照線性模式發展的情況少之又少。因此，才會有那麼多的不確定和隨機事件。

曲線帶來的是大量的不對稱性，其中蘊含著一種思維方式，叫做「非對稱交易」——損失和收益並不完全對應。古往今來，所有成功的商人莫不受益於此，如果能夠把握住非對稱交易的機會，你便會離成功創業更近一步。

泰利斯是古希臘時期著名的哲學家，創立了古希臘最早的哲學學派米利都學派，被譽為「西方科學和哲學之祖」。後世若想研究蘇格拉底以前的哲學家，泰利斯肯定是無法避開的人。

泰利斯是商人出身，卻不好好經商賺錢，總在思考一些「沒用的事情」，比如哲學。由於他一有錢就喜歡到處旅行，給其他人講解哲學的奧祕，因此總是攢不下錢來。有一回給人講課時，別人笑話他說：「你都這麼窮了，是要把我們也講窮嗎？我們以後再也不跟你學了。」

泰利斯一聽對方這麼說，便回答道：「我之所以這麼窮，是因為不喜歡賺錢，不是因為哲學賺不到錢。既然如此，我給你們展示一下哲學的魅力——我賺錢給你們看。」結果，僅僅用了一年的時間，泰利斯就成了非常富有的人。

他是怎麼做到的呢？大家可能不太瞭解，古希臘最重要的收入來源是橄欖油，而要榨取橄欖油，光有原料橄欖是遠遠不夠的，還需要榨油機。為了快速賺錢，泰利斯便湊了一筆錢，跑遍古希臘各地，將全古希臘的榨油機包了下來。

那一年，古希臘的橄欖獲得了罕見的大豐收，凡是有人想要榨橄欖油，就得透過泰利斯。由於壟斷了古希臘的榨油市場，泰利斯很輕鬆地抬高了榨油價格，從中賺了一大筆錢，讓曾經質疑他的那些人啞口無言。

這個故事被大哲學家亞里斯多德記錄在了《政治學》這本書裡，有據可查，不是後世杜撰的。此外，書中還附上了亞里斯多德自己的評價：「你看，泰利斯這人能賺錢是因為他根據自己的天文學知識，預測那一年一定是橄欖豐收年，於是他就去包下了全希臘的榨油機……。」

大家覺得亞里斯多德的說法可信嗎？肯定不可信。魯迅先生在評價《三國演義》時有句名言，叫「狀諸葛之多智而近妖」。羅貫中為了凸顯諸葛亮的智慧，把他描寫得跟妖怪一樣，經天緯地無所不能，明顯不符合常理。這種說法完全可以沿用在亞里斯多德對泰利斯的評價上，他的評價過於主觀，經不起推敲。

事實上，泰利斯賺錢的原因根本不是他夜觀天象、未卜先知，這種風險太大了，而是因為他具有反脆弱的思維，抓住了一次非對稱交易的機會。

> 泰利斯預付了一點定金給榨油機的擁有者。如果那一年橄欖豐收了，他們的榨油機就全都優先包給泰利斯使用，具體費用到時再結算；如果那一年氣候不好，橄欖歉收，組織人手榨油可能還會賠更多的錢，那泰利斯就不榨油了，定金也不要了。

泰利斯最多會損失多少錢？不外乎就是那些定金。可是一旦橄欖豐收，他就有可能賺到比定金多出成百上千倍的錢，這就叫非對稱交易，它是一條彎曲的「微笑」曲線（見圖4-3）。

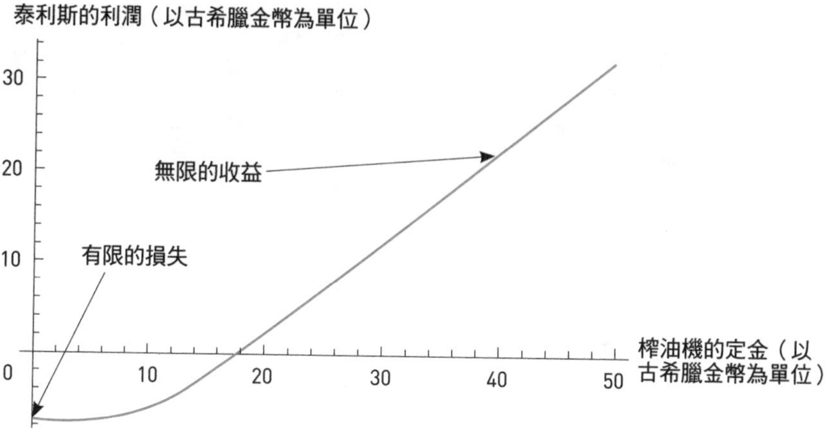

圖 4-3　泰利斯的非對稱交易曲線

如果你想要低風險創業，那麼關鍵在於找到非對稱交易的機會。如果你處在一個對稱交易的結構中，永遠也別想獲取豐厚利潤。

現在看來，第一批房地產商人就是充分利用了非對稱交易的方法。當時並沒有現在這麼嚴格的「招拍掛」體系，那批房地產商開發樓盤時，並不需要拿出幾十億的資金，200萬左右的押金就已足夠。

將押金交給相關部門之後，房地產商便可以在拍賣中拿下該地塊，此時並不需要立刻付全款，存在一個時間差。在這個時間段裡，房地產商便可以拿著相關憑證去銀行用該地塊辦理抵押貸款，再用貸來的款項交付第一筆購地款。此時，房地產商便正式擁有了在該地塊進行房地產開發的權力。

接下來是設計環節。房地產商會去找設計院進行樓盤設計，在設計之前約定賬期，也就是樓盤賣出後再支付設計費用。有了設計圖紙，房地產商又會去找建築公司，同樣約定賬期，樓盤竣工通過驗收後再給錢。

當建築公司打好地基，在地面上搭建鷹架時，房地產公司便可以開始出售樓花了（所謂「樓花」，是指預售房屋）。賣完樓花，便會有幾十億元的回籠資金，這時房地產商便可以按部就班地支付購買土地的後期費用、設計款、建築款，並償還銀行貸款，幾乎不存在任何風險。

對於當年的房地產商而言，一個樓盤從無到有，他需要的只有一筆押金和一個敢於冒險的想法，這也是當年的房地產市場催生了一批富商的重要原因之一。這是當你學會反脆弱的原理，懂得了非對稱交易的概念之後，才能明白的事情。當然，那樣的時代一去不復返，現在房地產相關法律法規已經非常健全，壓根兒不存在鑽漏洞的可能性。

2001年左右，北京開始興起買房潮。有一個和我非常要好的朋友跟我說：「樊登啊，你何必工作得這麼辛苦。要想多掙錢，你多買幾套房子就好了。」

聽了他的話，我覺得莫名其妙，便問他：「我也想多買房啊，可是每個月的收入就這麼多，買房的錢從哪兒來？」

他很詫異地看著我，說：「哎呀，你還不知道嗎？北京現在的政策是零首付買房，你不用交一分錢就可以去銀行貸款。現在的房價每平方公尺才五六千塊錢，一套100平方公尺的房子，只需要貸款五六十萬就足夠了。每個月只需要還兩三千塊錢，房租遠遠超過了月供，你完全可以以租養貸啊。」

朋友的邏輯完全成立，但我一直以來都十分保守，於是又問他：「如果房子租不出去，那麼該怎麼辦呢？每個月的月供對我來說也是不小的壓力。」

他十分不屑地回答：「租不出去又能怎樣？你要是真的還不上月供了，大不了就讓銀行把房子收走拍賣，反正你連首付都沒掏，從頭至尾沒有任何損失，就當自己做了場夢好了。」

現在回想起來，我的這位朋友確實很有智慧，他無師自通，學會了非對稱交易的原理，並將其運用得爐火純青。他在北京一共買了20套房子，有的是零首付，有的首付是房價的5％，有的首付是房價的10％，現在這些房產合在一起大致值兩三個億。有一段時間，他每天開著車到各家收房租，後來有了電子支付，連房租都不用去收了，直接手機轉帳就好，小日子過得逍遙自在。可惜的是，當時的我並沒有讀過《反脆弱：從不確定性中受益》這本書，沒有想明白非對稱交易的道理，只能與機會擦肩而過。

我剛開始做樊登讀書時的損失是什麼？最大的損失就是學校覺得我工作不認真，不能評教授，我知道這個損失的底線在哪裡。所以，這就是典型的非對稱交易。

一旦認清了這種非對稱性，你就有了更大的選擇權，有了更多發揮反脆弱性的空間。賈伯斯所說的「Stay hungry, Stay foolish.（求知若渴，虛懷若愚）」也是這個道理，創業者朋友們可以不斷地試錯，不斷地調整，以期實現收益最大化和風險最小化。

固定資產不產出任何收益

很多創業者不明白反脆弱商業結構的重要性，在順風順水時，往往喜歡買廠、買地、買生產線。一旦發現訂單太多做不過來，就會考慮增加投入，招更多的員工，上更多的生產線。這種做法導致的結果就是企業的規模愈來愈大，脆弱性也愈來愈大。一旦出現「訂單斷檔」的「黑天鵝」，收益將明顯下降，可成本卻降不下來，規模也就成了企業的包袱。

我有一個朋友，原來在深圳賣山寨機賺了很多錢。利潤處於最高峰時，賬上據說有5億現金。錢多了人就容易膨脹。這位朋友靠銷售「山寨機」獲利後並不滿足，又去湖南搞了一個工業園區，建起了廠房，引進了大批的設備、科研人員和流水線員工，打算做「中國人自己的諾基亞」，頗有些家國情懷的味道。

月滿則虧，水滿則溢，黑天鵝事件很快找上門來——蘋果手機橫空出世。蘋果手機對山寨機市場的衝擊是致命的，很少有人願意購買山寨機了。

無奈之下，朋友只能轉戰東歐市場。由於對方報價太低，每接一個訂單就會賠一點錢，但他依然在接。有一天，他開車送我去機場，路上我聽他不停地給東歐客戶打電話，邊打電話邊生氣。

掛了電話之後，他對我說：「瞧瞧這些東歐人，真是太讓我生氣了。」

我連忙問他：「出了什麼事？」

他憤恨地說：「他們每次都壓價，都讓我在原有價格上便宜一塊錢。問題是，我給的價格已經是在賠錢了，再多便宜一塊錢，就得多虧一塊錢。」

我見他如此生氣，便勸他：「那就別接了，身體是自己的，氣壞了身體什麼都沒了，沒必要和自己過不去。」

他撇了撇嘴角，嘆了口氣，對我說：「不接怎麼行，那邊等著發工資呢。」

各位明白他的困境是如何產生的嗎？他如果還停留在賣山寨機的階段，其實反脆弱性很強，即便山寨機賣不動了，手裡還有大量的現金，完全可以轉行賣其他商品。可是一旦他將錢投入了固定資產中，賬上的5億現金就一點點地減少，直到最後靠接虧損訂單拿預付來維持企業的正常運轉，支付員工的工資。

靠虧損訂單維持運轉肯定不是長久之計，這位朋友便對我說：「樊登，我們認識這麼長時間了，我也沒求過你什麼。現在我確實遇到了難題，如果邁不過去，以後可能會破產。你見多識廣，幫我想想辦法吧。」

我見他說得懇切，便打算給他出出主意。於是，我問他：「你賬上還有多少錢？有多少錢就想多少錢的辦法。」

他猶豫了很久，終於說出了答案：「只有500萬了，錢都變成廠房和設備了。」

從賬上有5億現金，一直虧到只剩500萬，真是令人不寒而慄。我又問他：「如果現在把廠房賣了，能賣多少錢？」

朋友聽到我的問題後，苦笑道：「你開什麼玩笑，肯定賣不掉，現在大家都在賣廠房，沒有人會買廠房，這些資產算是砸在手裡啦。」

在很多創業者心中，固定資產特別值錢，他們都喜歡將盈利不斷投入固定資產這個無底洞中。這件事情讓我十分費解，要知道，固定資產本身不產出任何效益。舉個例子，假設美國要將矽谷售出，某國以高價從一眾競爭者中購得，是否意味著某國就擁有了世界最精尖的技術產業區？肯定不是。沒有人才、沒有科技、沒有創新、沒有智慧財產權的矽谷，一分錢都不值。它原本只是一片農田，感覺它值錢只是我們自己的妄念。土地、設備、員工對創業者來講只是負擔，會讓企業存在極大的風險。

不知道大家對波克夏・海瑟威公司是否瞭解？這家公司的擁有人是「股神」巴菲特和世界著名投資大師查理・蒙格，從事的是投資理財業務。2017年12月8日，波克夏・海瑟威公司的股價是30萬美元，成為歷史上股價最高的公司。

可能很多人都想像不到，波克夏・海瑟威公司的總部竟然沒有自己的辦公大樓，只是在基威特廣場大樓（Kiewit Plaza）的14層租了半層樓做辦公室。巴菲特的辦公室只有16平方公尺大小，沒有一台電腦，最多的是各種圖書和雜誌。他曾公開表示：「我在基威特廣場大樓這座大樓裡辦公已經有50年了，非常喜愛這座大樓和大樓的業主。他們給了我特別優惠的租金，我在這裡的每一天都過得十分開心。」

有人曾問巴菲特：「波克夏・海瑟威公司現在有多少人？」要知道，波克夏・海瑟威公司大概管著幾千億美元的資產，大家想像一下這家公司一共有多少名員工。巴菲特的答案肯定會令很多人大跌眼鏡，他說：「我們公司最近官僚主義非常嚴重，總部的人員猛增，已經從15個人發展到18個人了。」

與一般公司相比，波克夏・海瑟威公司沒有律師和戰略規劃師，沒有公共關係部門或人事部門，沒有警衛、司機、信使或顧問等後勤人員，也不像其他現代金融企業一樣，擁有一排排坐在電腦終端前的金融分析師。

到2018年年底，波克夏・海瑟威公司的人數長期保持25人，主要包括巴菲特和他的合作夥伴查理・蒙格，CFO馬克・漢伯格，巴菲特的助手兼祕書葛蕾蒂絲・凱瑟，投資助理比爾・史考特，此外還有兩名祕書、一名接待員、三名會計師、一名股票經紀人、一名財務主管以及保險經理。有人曾就此問題問過巴菲特，老爺子的回答聽起來是那麼理所當然：「公司要那麼多人、那麼多樓做什麼？」

波克夏・海瑟威公司總部的效率如此之高，確實令人震撼。只有25名員工，沒有自己的辦公大樓，卻掌管著數千億美元的資產，這就是觀念的差距。很多創業者的做法恰好與之相反。他們會不停地為創業加注，不停地讓自己變得更加脆弱，這樣反而經不起風險的打擊。

可口可樂公司前董事長羅伯特・伍德羅夫曾誇下海口：「只要可口可樂這個品牌在，即使有一天公司在大火中化為灰燼，第二天早上，企業界新聞媒體的頭條消息也會是各大銀行爭著向可口可樂公司發放貸款。」

羅伯特・伍德羅夫為什麼會有這樣的自信？原因很簡單，可口可樂公司最重要的財富不是它的固定資產，不是廠房和設備，甚至不是它的產品，而是成千上萬每天不喝可口可樂就會覺得少點什麼的忠實顧客，是它行之有效的管理方式和行銷策略，是它的商譽和品牌。即便黑天鵝事件真的發生了，選擇權依然在可口可樂公司手中，憑藉手中的金字招牌，它照樣可以在短時間內東山再起。

創業需要有情懷的追求

反脆弱的原理對每個創業者都意味良多。創業者在成長的過程中，一定要有情懷的追求，因為情懷帶有明顯的反脆弱色彩。你的使命、個性和氣質會把你帶到特別想去解決的問題上去，讓你對生活始終充滿了熱情和探索精神。這樣的創業者往往更容易成功，更能抵禦不確定的風險。

如果一個人沒有情懷和理想，創業的目的只是賺錢然後買車買房，成為一個特定模樣的人，你的人生就會變得特別脆弱。總會有比你更能賺錢的人，人比人可以氣死人，一旦心態發生了變化，你的反脆弱能力就會比較差。

很多學員都曾問我：「樊登老師，你現在是商人還是知識份子？」

遇上這種問題，我通常會回答：「為什麼非要界定自己是商人還是知識份子？當我界定自己是商人或是知識份子的時候，我就變成了一個『單一面向的人』。這意味著衡量我成功與否的標準只有一個：是商人，有沒有上市賺錢？是知識份子，有沒有寫出有影響力的作品？人生由此變得脆弱。」

任何一個單一面向的創業者都會面臨崩塌的危險，面臨黑天鵝事件的發生。當人生窄化到一個方向時，你就變成了一個標籤；反之，如果你是一個「人」，那麼你可以在任何一件不確定的事情發生時學到東西，不斷成長，不斷調整和學習，不斷完善自己的人格和創業思路。這樣一來，你會發現，無論創業過程中出現怎樣的風險和挑戰，你永遠都是受益者。

但是，如果你是一個有情懷的創業者，那麼就算是某個產品沒賺到錢甚至賠錢，你還可以享受情懷。我曾在樊登讀書上為大家讀過日本前輩秋山利輝寫的《匠人精神：一流人才育成的30條法則》，書中說的就是這個道理。

秋山利輝是日本木工業的傳奇人物，其創立的「秋山木工」生產的定製家具，常見於日本宮內廳、迎賓館、國會議事堂等高規格場所。秋山先生強調「先德行，後技能」、「己成則物成」的大道，與我說的情懷十分吻合。他創立了一套一流人才的育成法則——匠人須知30條，能夠有效幫助創業者朋友們磨練心性和品格，喚醒體內的一流精神，為使命而活，大家不妨都學習一下。他山之石，可以攻玉，創業者本身需要情懷，而你的員工或多或少需要點「匠人精神」。

秋山利輝將「匠人精神」總結為三點：「於世情懷、凡事自律和學會感恩。」我是這樣解讀的。

①創業者需要抱有情懷，熱愛、真誠，抑或是專注，這樣才能具有較強的反脆弱能力。

②無論遇到什麼事，做好自己才是關鍵，別過於在意其他人的看法，你畢竟不是他人眼中的「標籤」。

③學會感恩他人，重新認識你和父母的關係，和世界和解，你才能真正擁抱創業，去享受創業的過程。既然是享受，肯定不會很辛苦，你也能始終保持愉快的心情。

在全球範圍內，歷史超過200年的企業大概是5000多家，其中日本有3000多家，占到了60%左右，這與他們普遍秉持的「匠人精神」有著極其密切的關係。我在日本見過非常多的中小企業，世代做的就是同一件事情，你讓他做別的他也不做。原因何在？他既享受賺錢的樂趣，也享受假如商品銷量不好、賣不掉的樂趣。賣不掉就賣不掉，放在家裡自己每天看著也很愉快，這就是情懷。

創業最痛苦的事莫過於只把事業當作謀生的工具。因為無法享受創業給你帶來的快樂，所以你會覺得自己很脆弱，滿腦子想的都是「我的產品賣不掉怎麼辦」、「員工為什麼總是不聽話」、「原材料怎麼又漲價了」……根本沒有看到創業的意義。當你看到創業既可以滿足你的物質需求，又可以給社會帶來意義的時候，你就增強了自身抗風險的能力。

有意思的是，很多東西正是因為剛生產出來的時候沒賣掉，後來卻能讓你賺很多錢。

不知道大家對茶葉行業是否瞭解。在茶葉行業裡，很少有賣綠茶的茶商能夠發大財，真正賺錢的全是賣普洱茶的。普洱茶以愈陳愈香聞名於世，存放的時間愈長久，味道就愈好。早年有這樣一句話用來描述普洱茶的經營模式，叫「爺爺藏茶，孫子賣茶」，意思是普洱茶存放十幾年甚至幾十年以上，就可以賣一個非常不錯的價錢。20世紀80年代的一餅普洱茶，如果存放到今天，市場價值至少在2萬元以上，被譽為「能喝的古董」。

新鮮普洱生產出來以後，如果當年就賣掉，那麼茶商賺的是現金流；如果賣不掉也無所謂，找個陰涼的地方存放起來，也算是一種投資。這就是典型的反脆弱。

反觀綠茶，在製成後如果沒能及時售出，會嚴重影響它的口感和茶香，存放時間愈長就愈不值錢。比方說「明前茶」（清明節前採製的茶葉，由於受蟲害侵擾少，芽葉細嫩、色翠香幽、味醇形美，是茶中佳品），過了清明，價格就會明顯下跌；如果到了夏天還沒售出，價格可能就會腰斬；如果一整年都沒有賣出去，那麼對不起，即便送人都沒有人會要了。這意味著茶商在進了「明前茶」之後，必須抓緊時間馬上出手。如果賣不掉，他就會很焦慮，無法享受這個過程，更提不上「情懷」二字。

和投資普洱茶一樣，從事藝術品、古董等領域投資的創業者，「十年不開張，開張吃十年」，擁有極強的反脆弱能力。

請記住，如果不覺得飢餓，山珍海味也會味同嚼蠟；如果沒有辛勤付出，得到的結果將毫無意義。同樣，沒有經歷痛苦，便不懂得歡樂；沒有經歷磨難，信念就不會堅固；被剝奪了個人風險，合乎道德的生活自然也就沒有了意義，這就是情懷的價值所在。

配置你的「創業槓鈴」

剛開始做樊登讀書會的時候，我是一個大學老師，一個月能掙6000塊人民幣錢工資，每週只需要工作半天時間，還可以跟很多年輕的學生見面。對我來講，這是一件特別令人愉快的事。得知我的狀態之後，很多人都勸我：「你做事要專心一點，最好能夠辭職，好好創業。」可是我的選擇是「腳踩兩條船」，一直幹到讀書會的年收入超過5000萬後，我才依依不捨地辭去了大學的這份工作。

各位，你們覺得創業應該辭職嗎？創業是應該全力以赴、義無反顧、破釜沉舟、集中注意力，還是應該「腳踩兩條船」？

賓州大學華頓商學院的某教授提出了一個非常有意思的問題：大家都鼓勵別人創業時一定要義無反顧，但為什麼比爾・蓋茲、馬克・祖克柏、伊隆・馬斯克、賴利・佩奇和謝爾蓋・布林這些人，都是「腳踩兩條船」創業？這些影響了世界的人物，當初可都是一邊上著大學一邊搞創業，這個單子如果能夠拿下來就幹；如果拿不下來，就接著讀書去。

經過研究之後，這位教授得出了兩個結論。

①好的企業家不是善於冒風險，而是善於控制風險

你去看馬雲、馬化騰的創業經歷，哪一個不是槓鈴式配置，反脆弱能力極強的？甚至李嘉誠先生也曾說過：「別人都說我善於冒險，其實講錯了。我這一輩子創業，沒有冒過一點兒風險。說我投資房地產是冒險，其實根本不是這樣！我早幾年就開始研究那些標的了，我心裡很清楚它值多少錢。所以只是等一個最好的價格而已，怎麼會是冒險呢？產業配置也是一樣，風險只會愈來愈小。」

②你在一個領域內感受到安全，才能夠在另外一個領域內充分創新

如果你把所有的寶都押在創業上，那麼你一定不敢創新，因為這是你的身家性命。我投

圖 4-4　孔子的槓鈴式配置

資過的很多家公司都是如此，十幾年下來還在做同樣的業務，毫無創新可言。這些公司的老闆們其實也有著開拓新業務的眼光和雄心，但只要一影響老業務，馬上就打起退堂鼓——這可是他們的命脈所在。

如果你希望做到反脆弱，需要學習一件事，就是至聖先賢孔老夫子口中的「君子不器」。所謂「君子不器」，意思是讓你成為一個全方位、多面向的人。只有這樣，你才是創業的真正的主人，擁有充分的自主選擇權，可以在任何層面發揮你的優勢。

脆弱和反脆弱的最大區別就在於你有沒有可選性。只要有選擇的餘地，就具備反脆弱的能力；一旦失去選擇權，你的公司就是一家十分脆弱的公司。孔子就是反脆弱的典範，他的成功祕訣在於「槓鈴式配置」（見圖4-4）

大家應該都見過槓鈴，兩頭粗，中間細。所謂「槓鈴式配置」，指的是創業者需要學會做多手準備，合理分配自己的時間、精力和資源，在槓鈴的兩頭都有儲備，為自己留下充足的選擇權，而不是一條路走到黑，在一棵樹上吊死。

孔子從來沒有將自己僅僅當作一名官員，他選擇的人生道路是「邦有道，則仕；邦無道，則可卷而懷之」。如果整體大環境良好，國家非常興盛，他就出來當官；如果大環境不好，國家混亂，他就「卷而懷之」，回家當個老師，教大家研究《周易》和《詩經》。

當官和教書，就是孔子為自己設置的槓鈴兩端。邦有道時就當官，邦無道時就教書，選擇權時刻掌握在自己手中。

如果當時的大環境真的興盛發達，國君賢明睿智，那麼歷史上便不會留下「孔老夫子」的足跡，他最多也就是魯國的正卿或相。正是因為不確定性發生了，他所處的魯國「邦無道」，才有了後來成為萬世師表的孔老夫子，受全天下讀書人敬仰，遺澤後世子孫。

我前段時間看了美國作家華特・艾薩克森寫的《列奧納多・達・芬奇傳：從凡人到天才的創造力密碼（達文西傳〈繁中版〉）》。李奧納多不僅是畫家、製圖家、發明家、解剖學家，還是音樂家和哲學家，他為什麼能夠成為那麼了不起的人？書中給出的答案是——李奧納多是個私生子。

可能很多人都不太理解這個邏輯。私生子和成就斐然有什麼必然聯繫？其實李奥納多所處的15世紀，是一個私生子的黃金時代，那個時代所有成功人士幾乎都是私生子。要想弄明白個中緣由，就要回到本節的主題「槓鈴式配置」：私生子具有較強的選擇權。

如果私生子所在的家族繁榮昌盛，大家都能賺錢，他就可以聲稱自己是這個家族的人，享受家族的庇護和資助，畢竟肥水不流外人田。一旦這個家族倒楣了，要滿門抄斬，他就可以說自己只是私生子，算不上這個家族的人，從而成為覆巢之下的那枚完卵。

在那個年代的義大利，私生子的選擇空間比較大，他既可以是這個家族的人，又可以不是這個家族的人。家族好壞對私生子的影響不大，這便讓他能夠沒有壓力地愉快生活，使其反脆弱性很強。反觀那些家族的嫡系子孫，一旦家族發生了變故，必然會受到株連，因為他們沒有事先配置好槓鈴的另一端，所面臨的風險係數就會很大，黑天鵝事件來臨時他們就會十分脆弱。

App是樊登讀書現在最主要的對外輸出方式，如果有一天，我們遇到了巨大的「黑天鵝」，比如App遭受蘋果公司的封殺，被直接下架了，會出現什麼情況？樊登讀書會不會就此一蹶不振？粉絲們是不是再也不能聽我講書了？

答案當然是否定的。樊登讀書有著很大的選擇空間，屬於典型的「槓鈴式配置」。如果樊登讀書真的被iOS平臺下架了，我們完全可以直接將內容賣給平臺企業，說不定還能活得比現在更好。一方面是銷量可能會出現新的增長點，另一方面我們能夠壓縮現有的團隊，降低成本。這就是樊登讀書的反脆弱能力，只要我們能夠在內容層面不斷精進突破，就不會擔心某一天會遭遇不確定性。

退一萬步說，如果樊登讀書真的遭遇了不測，大部分會員都流失了，只剩下20個會員，那該怎麼辦？沒關係，我照樣可以幹下去，大不了改成精品課的模式。很多創業者會追求不斷擴大規模，但我並不認同。就算我一輩子只教了20個很厲害的學生，也會有一樣的人生體驗。

創業者朋友們接下來要做的工作，就是透過思維方式的轉變，擴大自己生意的選擇空間，讓自己在風險發生時可以選擇槓鈴的另一端，從而活得更好。這樣一來，你就擁有了反脆弱的本事。

確保公司擁有選擇權

需要提醒大家，雖然反脆弱的商業結構是「成本有底線，收益無上限」，但是反脆弱性是可以不斷進階的。在公司的能力不斷提升的過程中，反脆弱絕不意味著公司不能夠投資科研，而是在確保自己擁有選擇權的情況下，有多大的能力就辦多大的事情。反脆弱是一種能力，而不是一種構思。無論你擁有怎樣的戰略目標，進行怎樣的戰術決策，大前提都是保證自己的安全。成功了最好，不成功也沒事，不會讓你的企業傷筋動骨。

①創業不能反人性

現在創業圈流行一種說法，叫「All in」（賭場術語，意為押上自己的全部籌碼），這其實與反脆弱的精神背道而馳。很多創業者的骨子裡都比較好賭，動不動就說「創業就是一場豪賭」、「成敗在此一舉」之類的話，聽起來似乎氣魄極大，連自己都會被感動。

但請你冷靜下來，細想一下。你能賭得起，你的員工能賭得起嗎？他需要拿著下個月的工資去交房貸、車貸、商業保險，去養活一家老小。你賭贏了還好，如果輸了呢？他一家人難道不吃、不喝、不上學、不看病？千萬別忘記，反脆弱的核心前提是黑天鵝事件必然會發生。創業不能反人性，你讓員工時刻處於危機之中，他再正常不過的反應就是「騎驢找馬」，隨時準備帶著你的商業祕密去你的競爭對手那兒上班。

員工如此，你的上游供應商和下游經銷商也都一樣。假如你從供應商那裡拿完貨不給錢，賬期到了就要無賴，要錢沒有，要命一條，你讓供應商怎麼辦？他也有自己的成本，也有一家老小和員工需要養活，我非常不欣賞這種「拖著全世界陪你創業」的賭徒心態。那些讓周圍的人變得焦躁的人，多半是習慣以自我為中心、不會考慮別人感受的人。這樣的創業者不可能真正關心客戶，不會想著為社會解決實際問題，自然也不會擁有更強的反脆弱能力。

② 反脆弱的邊界

確保公司擁有選擇權的閾值（臨界值），我稱之為「反脆弱的邊界」。不同規模的公司，反脆弱的邊界自然不同。很多藥廠動輒投入數十億元資金進行新藥研發，在你看來這似乎是一場豪賭，而在總規模動輒上百億元的藥廠看來，這是它能夠承擔的風險，處於反脆弱邊界之內。即便某款藥品研製失敗，它也能夠撬動各種槓桿來籌集資金，進行其他新藥的開發。一旦研製成功，藥廠的收益是無窮的，這便又回到了反脆弱的商業結構上。

樊登讀書現在的反脆弱邊界大概就是三五百萬元人民幣，但我是一個極其保守的人，會將反脆弱的邊界人為下調50%。很多創業公司都曾找我，讓我投資參與其中，覺得我能夠為他們帶來想法、管道和經驗。

對那些不看好的項目，我會不假思索直接拒絕，而對那些很感興趣的項目，我給出的答覆往往是：「100萬能搞定嗎？最多150萬，如果還是做不起來，那麼對不起，我就不投了。」在我看來，花了100萬還做不起來的事情，即便花1000萬依然做不起來。

為了讓現代人在下班後有自習的地方，2018年，樊登讀書提出「一間樊登書店點亮一個社區」的口號，在全國各地陸續開設了探測400家線下實體書店。大量加盟商都願意投錢、投人做這件事情，一方面體現了對我們的信任；另一方面還能以此達到品牌露出的效果，賣各種產品和發展會員。

我對這件事的態度很明確，在樊登讀書反脆弱邊界的範圍內，儘量降低每家書店的成本，讓加盟商自主經營。年底核算時，能夠賺錢的就留下來，選址、生意不好的就關掉。一年下來，樊登書店的數量從近400家下降為200多家，大浪淘沙，出現了很多創新且盈利的書店。

大家不妨猜一下，這將近400家線下實體書店加在一起，樊登讀書一共花了多少錢？我之前也沒有仔細算過，只是有個大致的感覺：肯定已控制在反脆弱邊界之內。直到年底核算時，我才看到了具體資料。實話實說，樊登讀書的成本控制能力連我自己都瞠目結舌。

關注用戶體驗當然是件好事，但一定要有全域思考的能力，不盲目自信，也不貿然行事。諸如「賣房創業」這樣的舉動十分冒險，還會降低創業者反脆弱的能力，實在不可取。

能力陷阱和資源陷阱

我經常將創業和開車進行比較。創業是一個不斷調整的過程，誰也無法一蹴而就。正如開車一樣，比如從杭州到北京，你事先並不知道沿途會有多少紅綠燈，有多少急彎，有多少隱藏著的大坑，這就需要你在途中不斷調整，才能順利到達目的地。

說起創業路上的坑，能力陷阱和資源陷阱不得不提。很多創業者不是先為自己設計一套反脆弱結構的商業模型，而是先考慮自己擅長做什麼，有哪些便利條件和資源，這種思維方式十分可怕。

①能力陷阱

2019年2月中旬，我講了一本叫《能力陷阱》的書，這個書名是我起的。作者是全球五十位管理思想家之一，哈佛大學商學院和歐洲工商管理學院的教授荷蜜妮亞・伊巴拉。書中提到了一個概念，就是能力陷阱。

在生活或工作中，大多數人都樂於去做那些自己擅長的事，一方面因為駕輕就熟，不容易出問題，而另一方面則因為更容易獲得成就感。這是一個正向循環，因為你做的次數多，所以你更擅長；因為你更擅長，所以你就更願意去做。荷蜜妮亞・伊巴拉將這種現象稱為能力陷阱。

或許是受「不熟不做」傳統觀念的影響，很多律師出身的創業者一輩子多次創業都會圍繞律師這個行業打轉，開了一個又一個律師事務所。你問他原因，他會理直氣壯地反問你：「我就是個律師，只會打官司，不開律師事務所做什麼？」

律師事務所本身無所謂好與不好，但它限制了你創業的可能性，因此你不會去追趕行動網際網路的腳步，不會去做電子商務或其他業務，你會覺得這些並不屬於自己擅長的領域，自己並不具備這方面的能力。同樣的道理，很多會計師創業就是開一個又一個會計師事務所，廚師創業就會開一家又一家飯店。更有甚者，川菜廚師開的永遠是川菜館，碰也不碰其他菜系……。

聽起來是不是挺可怕？這種能力陷阱嚴重束縛了創業者的想像力，限制了他們的選擇權，讓他們永遠局限於自己的一畝三分地，無法從社會問題出發去解決問題，其抗風險能力極差。陷入能力陷阱的創業者滿腦子想的都是如何才能將自己最擅長的生意做得更大、更多，在面對風險時完全沒有博弈能力。於是，他們會變成一個故步自封的人，總是擔心自己的生意不安全。

我在做樊登讀書的時候，連App都不會做，掌握的最高的IT技術就是發電子郵件，但我還是去做了。很多人說我是「無知者無畏」，我覺得自己是「無畏者無畏」。唐僧在去西天取經的時候，也不知道路上能遇上孫悟空，但他依然騎著白馬上路了。

所以，創業的第一步在於你想為這個社會解決什麼問題，而不在於你會什麼，有哪方面的能力。即便你什麼都不會，只要能找到一個又大又痛的問題，努力去學習、去提升自我，你就都能學得會。

②資源陷阱

資源陷阱是和能力陷阱相對的一個概念。陷入資源陷阱的創業者就像發射火箭一樣，過於看重資源的作用，創業前一定要事先準備好足夠的資源、人力、空間和資金，選擇一個良辰吉日點火升空，結果呢？除了少數幸運兒，絕大多數都是壯志未酬淚滿襟，我自己也是資源陷阱的受害者之一。

此前說過我唯一一次失敗的創業經歷，正是因為我手中有商鋪，而完全疏忽了選址這件重要的事情，直接將飯館開在了自己的商鋪裡。後來複盤時我發現，這正是我此次創業最大的敗筆。

正所謂「一步差三市」，開飯館哪能不選址？選擇一個好的店址，絕不只是最大限度地降低房租成本，也會對客流量和營業額產生直接的拉動作用。說得更嚴重點，選址直接決定了一家餐廳的生死。

選址操之過急往往帶來一系列問題：客流量過低、品類不匹配、物業糾紛不斷……最終導致我將前期籌到的100多萬啟動資金全部投進去也無力回天，我只能無奈地接受現實。

總而言之，能力陷阱和資源陷阱是反脆弱思維最大的兩個天敵，一旦創業者陷入其中，很快就會將創業的選擇空間拱手讓出，在風險發生時束手無策，只能坐以待斃。

如果創業者想要增強自己的生存能力，那麼我建議在清單上加上一條——反脆弱性。如果專案在創業之初就陷入了能力陷阱或資源陷阱、能否成功完全靠運氣的話，那麼我送給你一句話——你能想到最壞的事情一定會發生。這是大名鼎鼎的「莫非定律」，也是反脆弱思維的核心前提。與君共勉。

第五章

賦能生物態創業團隊

創業是一條孤獨而寒冷的路，只靠創始人一人的智慧和熱情難以持久，也容易迷失方向。你需要的是所有員工的光和熱，需要能夠實現生物態增長的團隊，需要「群智湧現」、彼此協助。只有大家抱團取暖，才能降低風險。

機械態管理 vs 生物態管理

在正式向各位介紹生物態團隊的概念之前，我希望大家先弄明白一組概念——簡單體系和複雜體系，這決定了你在管理創業團隊時的思維方式。

①簡單體系

能夠找到明晰因果關係的體系，就是簡單體系。如果某件東西在被拆分為足夠細小的若干模組之後，還能依照特定的因果關係原封不動地予以還原，那麼這件東西就屬於簡單體系。

打個比方，如果你想造一輛汽車，那麼就可以先將汽車分解為底盤、輪胎、動力系統、變速箱、電子系統、內裝、外殼等若干部件，然後逐一弄明白它們的工作原理和製造方法，最後將這些部件按照一定的順序組裝在一起，這樣就能得到一輛全新的汽車。

汽車製造是簡單體系的典型代表，火箭升空也是如此，只要這個體系可追溯，可分解，可以找到明晰的因果關係，就屬於簡單體系的範疇。

②複雜體系

與簡單體系相對的就是複雜體系，你無法從這種體系中找到非常確定的因果關係。

大家應該都聽說過著名的「蝴蝶效應」：在南美洲亞馬遜河流域的熱帶雨林中，某隻蝴蝶偶爾扇動了幾下翅膀，就可能在兩週以後引起美國德克薩斯州的一場龍捲風。蝴蝶扇動翅膀的運動導致其身邊的空氣系統發生變化，並產生微弱的氣流，而微弱的氣流又會引起四周空氣或其他系統產生相應的變化，由此引發連鎖反應，最終導致其他系統發生極大的變化。

這是一個非常複雜的體系，在整個傳遞過程中，你無法透過調整某個具體變數來改變最終的結局。每一個環節都至關重要，但也都存在變數。比如，孩子的教育便是一個十分典型的複雜體系，很可能某句不確定的話、某個不確定的人或某件不確定的事情，就會對孩子的性格產生深遠的影響，導致他的人生發生劇烈轉變。你永遠無法複製一個人的成長經歷，因為其中充斥太多的變數。

樊登讀書的會員經常會問我：「樊登老師，您小時候讀的是哪所小學？高中選的是文科還是理科？大學讀的是什麼專業？」

第一次聽到此類問題時，我特別驚訝。對方對我的成長軌跡如此感興趣，難道是我的鐵粉？於是，我便問這名「追星族」：「你問得這麼細，打算幹什麼？」

他一臉虔誠地看著我，說：「您是我的偶像，我打算讓孩子也走和您一樣的求學路，爭取成為和您一樣的人。」

我聽到他的答案，嚇壞了，連忙跟他說：「孩子教育可是大事，你千萬別開玩笑，這種想法非常不現實。你就算讓孩子完全按照我的成長路徑來，他也會成為和我截然不同的人，因為你無法複製我人生的所有際遇和情感變化。」

針對體系的不同，又產生了兩種迥異的管理思維——機械態管理和生物態管理。

①機械態管理

這種思維方式的鼻祖是誰呢？牛頓。牛頓將簡單體系發展到了極致，讓人們可以透過計算得知行星運行的軌跡。當牛頓的思想引爆世界之後，人類變得無比膨脹，膨脹到認為只要瞭解事物的每一個部分，就能瞭解事物的全貌。機械態管理的前身「科學管理」便由此而生。

在1900年的巴黎博覽會上，美國人泰勒策劃了一場重要的展出，他找了很多人來現場表演砸缸的過程。這個過程沒有任何核心技術，只是用一塊碼錶掐算每一個工人的動作時間，然後把它全部固定下來。

泰勒的標準化流程使工人的效率提升了3倍以上，這是科學管理的萌芽。泰勒對整個世界的貢獻是極其巨大的，甚至可以說，沒有泰勒就沒有科學管理，資本家也無法和工人博弈。

在過去，工人一旦罷工，資本家就無可奈何。因為工人的技術來自祖傳，所以在工作沒有標準化的時代，資本家是弱勢群體，在工人罷工時就非常痛苦。而泰勒用掐碼錶的方法，將工作全部量化，此後資本家變得愈來愈強勢。

泰勒讓後來的無數管理者相信，管理學是一門建立在明確的法規、條文和原則之上的科學，理應適用於人類的各種活動，從最簡單的個人行為到經過充分組織安排的大公司的業務活動。直到今天，科學管理的許多思想和做法仍被不少公司採用。

科學管理對福特汽車創始人亨利·福特影響深遠，他是世界上第一位使用流水線大批量生產汽車的人。透過這種生產方式，他讓汽車成了一種大眾產品，也讓美國成了「車輪上的國家」。在美國學者麥可·H·哈特所著的《影響人類歷史進程的100名人排行榜》一書中，亨利·福特是唯一上榜的企業家。

亨利·福特一生最得意的事情，便是殘疾人也可以在他的生產線上工作。只要這位天生殘疾人能夠完成一個簡單的流程，就可以無縫接入他的汽車生產線。亨利·福特有一句名言至今廣為流傳：「我們只需要一雙手，為什麼還要一個腦袋？」

絕大多數人都是牛頓和泰勒的信徒，正是這種機械態管理的方法，馬斯克把火箭送上了太空，造出了特斯拉。

世間萬事，物極必反。機械態管理的思維方式往往導致盲目的模組化。很多人在做任何一件事的時候，第一想法就是拆分，將這件事情拆分成一個又一個的模組，分別加以實現。使用這種方法駕馭簡單體系完全沒有問題，但卻無法適應複雜體系的需求。我希望大家能記住一句話：打造創業團隊需要一個極其複雜的體系，如果你遵循機械態管理的思路，必然走向失敗。

②生物態管理

生物態管理與機械態管理完全不同，它認為管理是一個複雜的生態系統，不能用機械態和還原論看待人和組織的成長。這是一種可以和牛頓抗衡的思維方式，提供這一思維方法的是《物種起源》的作者達爾文。

有一本書叫《世界觀》，書中告訴我們，從亞里斯多德開始，人類的價值觀怎樣一步一步演進到今天的。達爾文的價值觀和牛頓的價值觀完全不同，他不認為這些東西是上帝算出來的，不認為這些東西是從一個公式推導出來的，或是由一個設計師設計出來的。他認為萬物是「長」出來的。「長」出來以後進行挑選，適應的留下，不適應的拿掉，這就是我們所說的生物態增長。所以，一個人如果擁有了有關複雜體系的想法，就能夠理解什麼叫做生物態的增長。

什麼叫做生物態呢?研究複雜系統的前沿科學家梅拉妮・蜜雪兒（Melanie Mitchell）曾在《複雜》一書中，記錄了下面的故事。

任何一個對蟻群有過瞭解的人都知道，單隻螞蟻幾乎沒有智商，同伴之間靠簡單地分泌資訊素進行溝通。但是如果將上百萬隻螞蟻放到一起，群體就會組成一個整體，形成具有所謂「集體智慧」的「超生物」，整個蟻群一起構造出的結構複雜得驚人。

蟻群具備「逢山開路，遇水架橋」的本領，比如遇到一條河過不去，蟻群可以抱成一團滾過去。蟻穴就更驚人了，如果你將一個蟻穴掀開，你會發現裡邊有育嬰室、垃圾房、蟻后的房間和囤積食物的房間等，其複雜程度連建築師都嘆為觀止。

類似的還有人類的大腦。在大腦中有數億個神經元，這些簡單個體的活動及神經元集群的連接模式決定了感知、思維、情感、意識等重要的宏觀大腦活動。

再比如人體的免疫系統。簡單個體是細胞，白細胞能透過其細胞體上的受體識別某種與可能的入侵者相對應的分子，從而分泌抗體，搜尋和摧毀入侵者。再加上B細胞、T細胞、巨噬細胞等，細胞們一起上演免疫反應的大合奏。

大量簡單的東西結合在一起，會產生一種非常重要的效應，這就是生物態，我將其稱為「群智湧現」。在人類歷史的發展過程中，曾經出現過無數次巨大的變革，這些變革都不是人為設計的。你不可能設計文藝復興，也不可能設計其他變革。那它們是如何產生的？參與這些變革的人數達到了一定量級，爆炸性的智慧隨之而生。正如蟻群和蜂群，單獨的個體沒有任何智商可言，但成為群體之後便有了驚人的智慧，中國先秦時期的百家爭鳴也是同樣的道理。

在很多創業團隊中，普遍存在這樣的問題：創業者並不明白簡單體系和複雜體系的區別，往往寄望於使用簡單體系的機械態管理思維，來解決創業團隊這一複雜體系中存在的種種問題。

得益於科技水準的不斷提升和心理學研究的不斷深入，現在確實有很多心理學理論和技術手段能夠幫助企業識別、培養人才。我並不否定人才測評和相關探索，只是認為管理者不能把人過度簡單化，不能把創業團隊的一切事情都交給技術來解決。

給大家推薦一本書——《賦能：打造應對不確定性的敏捷團隊（美軍四星上將教你打造黃金團隊：從急診室到NASA都在用的領導策略〈繁中版〉）》，作者史丹利・麥克克里斯托曾是美國駐伊拉克的陸軍特種部隊司令官。他從伊拉克退役以後創建了一家管理諮詢公司，明客戶從過去機械態管理的組織變為生物態管理的組織。

③由機械態團隊向生物態團隊轉變的三行代碼

前面說了生物態管理在創業團隊中的重要性，肯定有人會問：「樊登老師，我們的團隊就是典型的機械態團隊，要怎樣才能轉變為您說的生物態團隊呢？」別急，成功肯定有方法，你需要的不過是三行代碼。

不知大家有沒有見過海底的沙丁魚？沙丁魚群是一個非常複雜的體系，分散的個體幾乎沒有抵禦天敵的能力，好在它們都是群體行動，一起覓食，一起休息，無論何時都抱團取暖。如果遇上鯊魚等天敵，它們會表現出超強的集體智慧，也就是之前說的群智湧現。

當鯊魚游進魚群時，沙丁魚會自然散開，形成一個可供鯊魚通過的洞。鯊魚什麼也沒吃到就穿過了洞口，當它回頭再咬的時候，新的洞口又出現了，鯊魚只能無功而返。

這種集體智慧從何而來？科學家們做了大量的研究，發現祕密存在於沙丁魚基因中的三行代碼。

第一行代碼：跟緊前面的魚。

第二行代碼：與旁邊的魚保持相等距離。

第三行代碼：讓後面的魚跟上。

科學家們將這三行代碼輸入電腦中，並做了大量的模擬測試。運行結果表明，只要擁有這三行代碼，電腦中虛擬出來的任何物體都能展現出沙丁魚一般的超強能力：當鯊魚過來時自動散開，鯊魚穿過後再次合攏。

在梅拉妮・蜜雪兒的《複雜》一書中，記錄了下面的這段對話，令我印象深刻。

有人問生物學家：「宇宙最早是什麼樣子的？宇宙的起源到底是什麼？」

生物學家說：「宇宙的起源到底是什麼，我也不太清楚，但是如果有的話，那麼絕不超過三行代碼。」

此人追問道：「只有三行代碼？那是如何變成現在的複雜宇宙的呢？」

生物學家的回答簡明扼要：「反覆運算。」

在未來，所有的機械態團隊都會轉型為沙丁魚這樣的生物態團隊，擁有海量員工。想要管理好一支生物態團隊，最重要的事情就是賦予它最簡單的三行初始代碼，然後不斷反覆運算。這三行代碼如下。

❶為社會做貢獻

你的創業目的如果只是想多賺點錢，那麼最後的結局一定是失敗。就算你確實賺到了錢，也是人生的失敗。因為你找不到努力的意義，賺了錢覺得沒意思，不賺錢覺得更沒意思。因此，我給出的第一行代碼就是要為社會做貢獻，這行代碼出自心理學大師阿爾弗雷德·阿德勒的《自卑與超越（阿德勒的自卑與超越〈繁中版〉）》一書：「只有把自己的價值和整個社會的價值結合起來，才能解決我們內心的自卑問題。」

❷終身成長

不管別人怎麼評價你，也不管某件事最後的結果是成功還是失敗，最重要的還是自己能不能從中學到東西，有沒有不斷努力，不斷成長。這行代碼出自心理學教授卡蘿·杜維克寫的《終身成長：重新定義成功的思維模式（心態致勝：全新成功心理學〈繁中版〉）》一書，此書我會在後面的章節更細緻地講述，這裡先一筆帶過。

❸ 持續嘗試新事物

員工一旦陷入舒適區，就會失去前進的動力，出現明顯的職業倦怠，整個團隊也就失去了進取心。新鮮事物會帶來人的求知慾和成就感，你要鼓勵員工從舒適區走出來，去迎接新的挑戰和改變。

當你將以上三行代碼輸入每一個員工的腦海中，讓他擁有了全新的驅動力時，他的關注點就會從團隊內部轉移到團隊外部，從自身待遇轉向個人和團隊的成長，這是生物態管理的必經之路。

> 樊登讀書擁有兩三百名「90後」員工，幾乎沒有人跟我談論過福利待遇問題。原因就在於每個員工都知道他正在做一件極其有意義的事情，他希望集團變得更加強大、反脆弱。有朝一日他要自己創業，成為樊登讀書生態圈中的一個生命體。

每個人都有思想，都有被改變的可能，這是人和其他動物最本質的區別。如果創業者能夠給予每一個員工更大的自由度和成長空間，你的團隊就有能力容納海量的員工，而這將是整個組織變革的開始。

母系統的穩定來自子系統的不穩定

過去的很多團隊管理者，潛意識中接受的都是機械態管理的思維方式。在他們眼中，團隊就是一台永不知疲倦的機器，按照事先設計好的樣版，生產出一個又一個標準化的產品。既然團隊這一母系統是機器，那麼每一個子系統都是機器上的某個零件。

在這種管理思維的影響下，管理者對員工最大的要求就是老實、聽話，或者乾脆叫做「穩定」。不要有太多自我意識，服從指令就好了。如何才能讓員工穩定？機械態管理靠的是「怕」：怕失業、怕扣錢、怕丟臉等。比如，業績不達標扣獎金、遲到罰站三分鐘、團隊業績不好集體做伏地挺身……這些都是機械態管理為了維持母系統穩定而慣用的一些方法。

關於這一點，西方戰略管理大師蓋瑞・哈默爾做了一個形象的比喻：機械態團隊就像一個馬戲團，而管理者和被管理者就像馴獸師和小狗一樣。馴獸師拿著鞭子，一聲呼喝，一個手勢，小狗就會按部就班地做出某種動作，以期得到獎勵、逃避懲罰。

員工為什麼會「怕」？是因為當時的機會太少。除了打工，員工很難找到其他收入來源，以維持生計，這便會讓他十分珍惜來之不易的工作機會，不得不接受機械態管理的各種框架。

隨著技術水準的不斷提升，行動網際網路放大了每個人的能力。現在的人再也不愁缺平臺，對有才華的人來說，到處都是舞臺。一些網路平臺如微信、微博已經成為普通創業者崛起的重要途徑，騰訊、阿里或華為等明星企業的員工如果想要辭職創業，會有很大可能獲得前期投資，個人的發展前景也會變得明朗可期。即便是普通人，上班也不再是唯一的收入來源。

在這種時代背景下，人的個性需求也得到了放大，員工愈來愈看重自己是否被尊重、個人的創意是否有機會實現、自己是否能在平臺上獲得成長的空間，而不願意再接受傳統的機械態管理方式。

這種變化，給管理者帶來了巨大的麻煩。人心散了，隊伍愈來愈不好帶了，怎麼辦？別急，你需要的是生物態的管理方式。

① 母系統是大自然，子系統是生命體

生物態管理和機械態管理最大的區別，就在於將整個母系統視為大自然，而不是一部機器，將每一個子系統都視為一個生命體，而不是機器中的一個零件。

平心而論，當你將員工真正看為一個生命體時，或者更具體一點，他就是你的親弟弟，請問你是否忍心一個月就給他發固定的工資，讓他老老實實這一輩子跟著你，其他想法都不

要有？只靠固定的工資，這位員工肯定沒辦法買房和買稍微好一點的車，無法讓孩子獲得更優質的教育資源。但凡家人生一場大病，還有很大的可能會出現經濟困難。

如果真是你的親弟弟，你肯定不希望他過這樣看似「穩定」、實則脆弱的人生。但很多創業者正是如此對待自己的員工的。一旦員工打算辭職，還會說這人不踏實、沒道德，背叛了你。原因何在？可能因為地區、行業差異，也可能因為現金流匱乏，但其中最根本的原因是，在這些創業者的頭腦中並沒有生物態管理的思維。他們並不認為母系統是大自然，沒有意識到每個子系統都是大自然裡的一棵樹，是一個有機的生命體。他們只將自己看成一名伐木工人，任意砍伐樹木的枝幹，將其修剪成自己需要的樣子，並壓榨他們的剩餘價值。

②母系統的穩定性，來自子系統的不穩定性

我經常聽到這樣一個問題：「樊登老師，為什麼您對團隊不加以管控？樊登讀書的團隊竟然還可以代理其他知識付費平臺的業務，請問您是怎麼想的？」

我的想法非常簡單，就是換位思考。試想，如果你是樊登讀書的一名代理商，年富力強，擁有豐富的資源，你是否願意一輩子只賣樊登讀書的產品？一個城市的人口有其上限，當你在這個城市中已經做到極致時，你是願意維持現狀，還是想尋找其他突破口？

要想明白這個道理，你需要先對「大自然」這個概念樹立正確的認識。《道德經》裡有這樣一句話：「天地不仁，以萬物為芻狗。」芻狗指的是草紮的狗，一般用於祭祀，用後就會焚毀。這句話的意思是：在天地看來，萬物都是一樣的，沒什麼區別。上天對待萬物，就像是對待草紮的狗一樣，需要的時候就拿來使用，不需要的時候就燒掉。很多人認為老子的這句話特別殘忍，但它其實揭示了大自然最深層次的奧祕。

不妨想一下，如果大自然特別愛人類這個子系統，所有對人類不利的事情，大自然都不允許發生，會出現什麼結果？山洪不准暴發，颱風全都停止，地震也肯定不會發生。殊不知，這些現象都是大自然自我調節的一種途徑，如果將這些途徑全部堵死，大自然內部長期處於一種不平衡的狀態，最後的結果一定是大自然這個母系統的循環體系徹底崩潰，整個世界化為烏有。

要想尋求母系統的穩定，就不能讓子系統太過穩定，否則母系統便會面臨崩盤的危險。這個原則挪到創業團隊這一複雜體系中也同樣適用，為了確保整個團隊的健康發展，你就不能讓員工過於安穩。如果每個子系統都安於現狀，不思進取，沒有學習和成長的動力，那麼一旦外界環境和市場發生變化，整個母系統就會猝不及防，陷於危難。

如果樊登讀書對每位代理商都進行非常嚴格的管控，規定他們只許賣我們自己的產品，而且每個月必須完成一定額度的業績增長，會出現什麼樣的結果？表面看來，可能會讓每位代理商都十分穩定，安心經營自己的一畝三分地。但更深層次的影響是，無法引起各家代理商的積極性和靈活性，最終導致母系統樊登讀書的發展陷入停滯，甚至變得十分脆弱。

每位代理商都是一個獨立的子系統，擁有自己的活力，會為了生存不斷努力，打造屬於自己的強項，而不應該過於依賴母系統，給母系統帶來潛在的風險。

在現實生活中，確實有很多公司對代理商有著極其嚴苛的限制，一旦發現代理商售賣其他產品，不僅會取消他的代理資格，還會將其列入黑名單，讓他在全行業內失去生存空間，施行的是標準的「不是戀人，就是仇寇」策略。這樣做的結果往往是有能力的代理商和這家公司的關係劍拔弩張，紛紛逃離，留下的只能是那些沒有多大能力的人。這一點，我在跟臺灣的企業家們聊天時有很深的感受。

臺灣的絕大部分企業都在尋求全方位發展。大家很熟悉的統一集團，在賣速食麵、礦泉水的同時，也涉足了金融、外貿、商業、娛樂、廣告和電子等其他領域。臺灣某知名雜誌在賣雜誌的同時，還辦了幼稚園、培訓班等機構，走的也是多元化經營的模式。

在交流時，我非常好奇地問該雜誌的一位高管：「你們明明是一家雜誌社，怎麼什麼都幹呢？」

對方無奈地笑了一下，跟我說：「這也是被逼無奈。臺灣的市場就這麼大，如果我們只賣雜誌，肯定養不活自己。」

很多地方的代理商也是如此。省級代理的空間會大一些，他擁有整個省份的市場資源。而市級代理最大的空間也就是一個城市，到了別的城市，他就沒有人脈資源，也不具備跨區域運營的能力，只能想盡辦法將本市的資源吃透。

對待員工和對待代理商是同一個道理，生物態管理的思路就是儘量讓員工多元化發展，讓他們擁有愈來愈強大的反脆弱能力。在此過程中，整個創業團隊都能跟著受益，何樂而不為？

我跟很多小夥伴們都說過：「你們跟我打一輩子工也可能實現不了財務自由。但是，我個人希望你們都能實現，如何才能實現？答案是你們都得成為樊登讀書創業生態的一員。」

為了實現這一目標，多年來我一直都在鼓勵團隊裡的小夥伴們創業，並為他們提供前期的創業資金，在內部打造了一種互動共贏的機制。截至2019年2月底，樊登讀書共孵化11家子公司，有樊登讀書會的企業版、個人版和老年版，還有樊登書店、核桃書店、樊登商城、十萬個創始人和通路雲等，全球分會共計3000多家，其中有100多家是海外分會。

子系統的不穩定性帶來母系統的穩定性，大自然不會偏向任何一個物種，不會有意識地只讓某個子系統穩定。只有這樣，大自然才能蓬勃發展。為了打造樊登讀書的創業生態，我們做了很多有意思的探索，每一家子公司幾乎都能賺錢，這當然意味著樊登讀書這一母系統愈來愈強壯，愈來愈具備反脆弱的能力，能夠抵禦未知的風險。

親愛的創業者朋友，你現在需要做的事情是重新思考母系統和子系統的關係。如果你能夠想明白這件事，成功地引起員工的不穩定性，整個創業團隊的穩定性就能有效提高。你可能會問：怎麼才能將員工的不穩定性激發起來呢？這就涉及下一節的主題——成長。

好的人才都是「長」出來的

人才是企業永恆的主語。沒有人才，再好的想法也無法落地，再寬的護城河也難以持久。對創業者來說，手中有人，心中不慌，初創企業最缺的就是人才。那麼，你是否想過真正的人才到底是從哪裡來的。

①好人才是「長」出來的，而非請來的

關於上面提到的問題，很多人腦海中浮現出來的第一個聲音，往往是「去挖人」。但在你弄明白機械態管理和生物態管理的區別之後，你會明白「缺人才就去挖」是非常典型的機械態管理：沒人就去挖人，少哪方面的專門人才就委託獵頭去挖哪方面的人才，去挖個CTO，去挖個CFO，去挖個通路，去挖個媒介……缺什麼就挖什麼，挖到的很多人湊到一塊，以打造出所謂的「全明星創業團隊」。結果如何？往往是難以為繼。很快各種「水土不服」的現象就會出現，最後你高薪挖來的「空降兵」揮一揮衣袖，瀟灑地離去，留下一地爛攤子，讓你欲哭無淚。

原因何在？創業團隊是一個複雜體系，你需要將它打造成有機的生命體，這個生命體有

靈魂、有價值觀、有演進的動力、有學習和自我修復的能力。就像森林和大自然一樣，它能夠生生不息、不斷成長，這才是創業團隊的核心要義。而「空降兵」往往無法很快、很好地融入這個生命體中，他的存在會導致團隊出現明顯的「排異現象」，就如人體一樣。

生物體對不屬於自己的物質，會產生排斥性的抗體，如將B型血輸入A型血的人體內，A型血人體就會產生抗體。除了輸血，移植器官、骨髓等都是如此。如果必須進行異體移植，那麼兩個人的各項生物指標必須極其相近，極微小的差別都可能使被移植生物體在移植後產生排異現象。

較輕的排異現象可以採用藥物治療，比如你可以同化空降兵的價值觀，讓他儘快融入你的創業團隊，而嚴重的排異現象則缺乏有效的解決方案，往往會直接危及創業團隊的生命。生命體需要的人才，只能從內部生長，而不是從外界請來。所以，創業者如果想要打造一個「群智湧現」的團隊，就需要擁有生物態的思維：先讓人才從豐富的土壤之中自由地萌芽，有了萌芽之後，物競天擇，適者生存，能最後存活下來的，就是你需要的人才。這是達爾文在《物種起源》裡提出的觀點，也是生物態增長的全部過程。

什麼叫做「成長的土壤」？我給大家做個對比。之前說過，教育是一個典型的複雜體系，你無法確定參天大樹到底如何長成，但土壤肯定是其中至關重要的一環。

有很多家長信奉機械態的「分數論」，用分數作為衡量孩子優秀程度的唯一標準。即便現在國家在大力提倡素質（素養）教育，但到了這些家長手裡，素質教育也變了味道，成了一大堆數據：孩子的閱讀量是多少？孩子的鋼琴考了多少級？孩子的跆拳道幾段了？……衡量的標準永遠都是那幾個非常機械的指標。最後的結果往往是給孩子造成巨大的心理壓力。

這些父母提供給孩子的成長環境，無疑是一種非常貧瘠的土壤，即便孩子長大成人，也有可能存在明顯的心理問題。家長習慣用簡單機械的方法，去約束一個複雜的生命體，導致孩子最後瀕臨崩潰。

那麼，複雜體系需要的「豐厚的土壤」是什麼樣的呢？還是以教育為例。

日本作家島田洋七寫過一本小說，叫《佐賀的超級阿嬤》。這本書在全球的銷量超過了700萬冊，影響了無數家庭。深受感動的讀者還自行發起了「一人一萬日圓」的活動，用募集到的一億日圓將《佐賀的超級阿嬤》搬上了電影銀幕，這也成為電影史上最感人的事件之一。

阿嬤就是外祖母，南方叫外婆，北方叫姥姥。島田洋七在書中講述了自己童年與阿嬤相依為命的故事，情感真摯、道理樸素，給我留下了十分深刻的印象。

8歲那年，島田洋七離開家鄉廣島，來到佐賀的鄉下老家。這裡沒有玩具和朋友，甚至連送他來的媽媽也轉身離開，迎接島田洋七的只有低矮破舊的房屋以及獨立撫養了七個兒女的超級阿嬤。

阿嬤家很窮，但樂觀的她卻總有神奇的辦法，讓艱苦的生活快樂地過下去。她告訴島田洋七，「什麼叫成功的人生？就是等你死的時候，幸福和痛苦的比例是51：49」、「死都要懷抱夢想，就算沒有實現也沒關係，畢竟只是夢想嘛。只要一直為夢想努力著，人生就總是充實而快樂的」、「幸福不是金錢可以左右的，而是取決於你的心態」。

日本當時的考試採取的是5分制，5分是滿分，3分剛及格，島田洋七卻經常考1分或2分。這種成績在中國某些家長眼中，就意味著孩子不好好學習，長大以後沒出息。可阿嬤卻對島田洋七說：「成績單上只要不是0就好啦。人生看的是綜合力，1分、2分的，加在一起就有5分啦。」

阿嬤雖然沒有上過學，也不懂得如何掙錢，但她非常明白一件事：無論如何，都要讓孩子幸福、開心、善良，成為一個好人。這就是複雜系統的「豐厚土壤」，在這種教育理念的影響下，島田洋七從一個總考1分、2分的孩子，長大以後成為全日本最有名的相聲演員之一，在NHK的漫才大賽中獲得最優秀新人獎，掀起了日本的相聲熱潮。

好的人才都是「長」出來的。如果創業者能像書中的阿嬤一樣，為團隊提供成長所需的豐厚土壤，就會發現自己再也不會為人才犯愁，人才會生生不息地「長」出來，樊登讀書就是這樣做的。

樊登讀書很少進行正式的招聘，只要別人願意來，便不會拒之門外。很多人問我原因，在他們眼中，這種做法未免有些兒戲。而在我看來，樊登讀書沒有權力僅僅憑藉面試這一簡單而機械的流程鑑定一個人的才能，沒法判斷他能否勝任未來的工作。我的辦法是「有教無類」——給予每一個員工充分的機會，讓他們自己成長，這就是生物態的思維。

樊登讀書的大多數員工都是「90後」，本科剛畢業就加入我們的團隊，基本沒有行業背景和工作經驗，屬於標準的無名小卒。然而，正是這一幫積極、陽光、健康的「無名小卒」，在公司為他們提供的「土壤」和平臺上，做出了令業界瞠目結舌的成績：從2014年開始做線下社群至今，樊登讀書的營收每年一直保持10倍左右的發展速度，2016年到2018年屬於增長的高峰期，兩年時間共計增長了116倍。在這一過程中，我從來沒有參與公司的日常管理，全公司都在上海，而我一個人待在北京。

沒有任何事是只有特定人才方可做到的，只要有一個人能做到，全世界的人應該都能做到，差別只存在於努力程度的不同。我發現了一個奇妙的現象：任何一個員工，無論他的智商是高還是低，只要你能給他機會，充分地激發他的潛力，半個月後他就可以成為通路、銷售、媒介等領域的專家。產品崗位是個例外，它需要更多的打磨時間和經驗積累。

②成長比聰明重要

如果你在面對創業團隊這一複雜體系時，依然希望用機械態的管理方法，事先計算明白團隊中每一個成員的潛能，那麼你會給這個組織帶來極大的熵增（由有序向混亂發展）。人愈多，熵增愈快，管理中出現的摩擦就愈多，以至於出現大量的矛盾和不滿，員工紛紛離職。因為人力資源的人只要出現，就意味著我要評價你。其實這是不需要的，你不需要去評價一個人是否聰明，只要他願意好好幹就行了。

微軟在比爾・蓋茲手中創立並崛起，後來變得平庸，幾乎錯過了行動網際網路的整個時代，很少人的手機裡會裝有微軟的軟體。在業界對微軟的未來紛紛質疑的時候，印度人薩蒂亞・納德拉站了出來。2014年，這位在微軟工作了20年的員工成了微軟的新任CEO。在他的帶領下，微軟重新回到了世界前三的位置。

薩蒂亞・納德拉怎樣讓微軟這個十幾萬人的大公司，在遭受了嚴重挫敗之後，重新煥發出勃勃生機的呢？關鍵就在於生物態管理。

如果大家對微軟比較瞭解，就會發現微軟過去的文化叫做「聰明人文化」。微軟的每一個員工都要時刻表現得比周圍人更聰明，因為有很多人等著對他做出各種考評。員工們習慣於推卸責任，習慣於官僚主義，習慣於堅持說「我沒有錯」。

薩蒂亞・納德拉上任後，很快發現微軟的整個團隊喪失了願景，這個PC時代的全球霸主在行動網際網路時代迷失了前行的方向。於是，他提出用微軟的科技力量為世界上每一個組織和每一個人賦能。所有的生物態團隊都要有明確的方向，進化就是團隊的終極目標，這是薩蒂亞做對的第一件事。

薩蒂亞・納德拉做對的第二件事，也是非常重要的一件事，是讓微軟全員學習了史丹佛大學心理學教授卡蘿・杜維克寫的《終身成長：重新定義成功的思維模式（心態致勝：全新成功心理學〈繁中版〉）》一書。

在這本書中，卡蘿・杜維克把人的思維模式分為兩種：成長型思維和固定型思維。固定型思維的人身上裝著評判性的軟體，每天的關注點都是誰比我更笨，我得證明我是這個屋子裡最聰明的人。在這樣的人眼中，任何挫折、批評和否定都是對他的嚴重打擊。而成長型思維的人從來不會考慮誰是最聰明的人，也不會過於在意別人的目光。他考慮的唯一一件事是：我能不能從中學到東西，我可不可以變得更強，我能不能繼續成長。

看到這裡，大家是否想到了什麼？《終身成長：重新定義成功的思維模式》這本書實際上講的就是大自然的理念，就是教你學會判斷團隊是否有生命力，每個員工是否在不斷成長。創業者千萬別擔心員工越軌，做了本職工作以外的事情。你真正需要注意的，是他做這件事情的發心──他是否努力嘗試變得更好。一個創業團隊如果能夠宣導終身成長的想法，為每一個員工提供足夠豐厚的成長土壤，就將擁有源源不斷的優秀人才。

在帶領員工共同學習《終身成長：重新定義成功的思維模式》這本書之後，薩蒂亞・納德拉做了第三件事情——和蘋果公司合作。微軟此前為什麼從來不跟蘋果公司合作？因為人們會說微軟輸給了蘋果公司。但是在薩蒂亞・納德拉看來，承認微軟輸給了蘋果公司又怎樣呢，輸給蘋果公司難道就不能跟它合作了嗎？我們要學以致用，終身成長。

於是，薩蒂亞・納德拉召開了一次發布會。在發布會上，他走到舞臺中間掏出蘋果手機向大家展示，四下一片譁然。薩蒂亞・納德拉對大家說：「這是一部被賦能的蘋果手機，手機裡面有微軟的Word文件，有微軟的PPT，有微軟的辦公和效率軟體，這是微軟和蘋果公司合作邁出的第一步。」

微軟確實錯過了行動網際網路的很多機會，但是依然可以透過效率軟體進入每一部手機。在這一思想的指導下，薩蒂亞・納德拉又談成了和三星、谷歌等多家行動網際網路巨頭的合作，在安卓系統中也發布了許多微軟的軟體。

承認自己落後沒關係，因為最重要的事情是成長，是你有沒有每天都在進步，這是美德背後的美德。

守住底線，允許員工犯錯

在和樊登讀書的員工座談時，有一個管通路的小夥伴跟我說：「有些代理商做得特別不好。」

能夠發現問題是件好事。我連忙問他：「具體怎麼不好？」他說：「他們成天在群裡發些短期立志的內容，動不動就搞什麼『早起』、『打卡』之類的活動，看起來品位特別低，好像『成功學』一樣。」

我聽完樂了，問他：「他們發的這些內容違反相關法律法規了嗎？」

這位小夥伴很認真地想了一下，告訴我：「違法倒也不至於，就是給人的感覺不太好。」

我接著問：「既然不違法，那你為什麼不讓他繼續這樣做？我明白你的意思，你可能是覺得這些內容不符合樊登讀書的調性和品位，想讓他們更規範。但你想過規範後的結果嗎？你有可能會打擊這些代理商的熱情和創造力，抑制群體智慧的產生。」

親愛的創業者朋友，你一定要弄清自己在團隊中的定位。你不是員警，整天負責維護治安；也不是消防員，忙著查缺補漏，給各方「救火」；更不是保姆，需要手把手指導員工每件事應該怎麼去做。你只是個幫忙的，在守住原則和底線的大前提下，幫他們分析結果，為他們提供思路。

①守住底線

底線是什麼？不進行詐騙活動，不搞非法集資，不宣揚盲目的個人崇拜和歪理邪說，這就是最大的底線。這裡邊有一個尺度問題，需要創業者自行拿捏，誰也無法替你負責。

很多人在聽完我的課之後，都會把自己的生意經說給我聽，然後問我：「樊登老師，你看我這個思路怎麼樣？」、「樊登老師，這個生意我應不應該這樣做？」、「樊登老師，你看我要不要進行這次投資？」

世界上有很多事都講究中庸，也就是常說的「過猶不及」，創業正是如此——做得太過分了不行，做得不到位也不行。中庸其實是最難的事情，孔子說他活了一輩子，都沒有見過一個能夠真正做到中庸的人，個中尺度只能創業者自己判斷，沒有其他人能夠幫你拿主意。判斷對了，創業團隊便會欣欣向榮，自成生態；一旦判斷出了問題，就容易出現尾大不掉的兩難局面。

②允許員工犯錯

只要拿捏好分寸，守住底線，剩下的事情便可以完全交給團隊，讓每一個員工都有自由成長的空間。有人或許會成為能夠獨當一面的參天大樹，對此我們樂見其成，還會提供更大的平臺讓他大展拳腳；有人或許會成長為具有某項傑出特長的「奇花異草」，我們也會很愉快地為他調換崗位，把他放到更能施展的舞臺上；當然也有可能，有人變成了團隊的「毒藥」或「寄生蟲」，需要我們及時清理，將負面影響降至最低。給員工成長的空間，允許員工犯錯，這些才是生物態團隊的管理者最應當做的事情。

創業者要和員工一同成長，而不是用機械態的方法，像搭積木一樣將員工拼成你自己的樣子。我有過多次創業經歷，最初也犯過類似的錯誤，小夥伴們做任何事情我都不放心，每一件事情都要千叮嚀萬囑咐，唯恐出現意外。後來我慢慢發現，他們只是想法與我不同而已，而且因為久居一線，有的想法甚至比我還好。即使由於經驗不足，偶爾會出現不周到的地方，我也不會求全責備。

成長是一件很痛苦的事，過程中難免出錯。任何團隊或個人的成長，都是一個不斷試錯、不斷改進的過程，不犯錯就不會意識到自己存在的各種缺陷，更不知道改進的方向。某些活動做得不好，負責的員工是有感覺和想法的，並不需要他人告訴他們這次活動的效果不好，這樣反倒會增加他們的工作壓力。你要相信，你的每一個員工都是優秀的人才，能夠對自己的工作負責到底。這份責任感會促使他們下次做類似的活動時，加倍努力、做到最好。

那麼，為什麼會有那麼多的創業者喜歡對團隊指手畫腳、發號施令？是想體現自己的重要性嗎？不見得。他們其實是想將自己和團隊可能出現的一切錯誤劃清界限。

在生活中，你經常能夠看到許多母親衝孩子發脾氣：「這個問題我都跟你說過多少遍了？你怎麼就是記不住呢？」家長們迫不及待地將自己的責任撇清：孩子出錯只能怪孩子，和我沒有任何關係。

大家仔細想一想，是不是都遇到過這種情況？我們的那位小夥伴，犯的也是同樣的錯誤。他說代理商的品位太低，潛臺詞其實就是：「品位低是代理商的事情，和我沒有關係，如果以後真的出了事情，不能來找我。」和上面提到的那些家長犯了同樣的錯誤。

我對管通路的小夥伴說：「你不要急於劃清界限，這樣做會打擊代理商的積極性，影響樊登讀書的整體發展。你要做的事情，應該是跟代理商共同承擔這個責任。我們完全可以大方地承認，我們的品位確實不太高，但我們在不斷地努力，一直走在精進創新的路上，希望大家能夠給我們長大的時間。」

創業者需要跟員工和代理商共同承擔錯誤，僅僅允許員工犯錯還不夠，在員工犯錯的時候，你還要跟他共同承擔錯誤帶來的後果，這才是生物態的思維。

③激發員工的善意

還記得彼得・杜拉克先生的那句名言嗎？「管理的本質，其實就是激發和釋放每一個人的善意。對他人的同情，願意為別人服務，這是一種善意；願意幫他人改善生存環境、工作環境，也是一種善意。管理者要做的是激發和釋放人本身固有的潛能，創造價值，為他人謀福祉。」

經過多年創業實踐，我對杜拉克先生的這句話有了更深層次的理解和領悟。當你能夠最大限度地激發他人的善意時，你遇到好員工的機會就比較多，好員工是被你激發出來的，因此你得到的回報就會比較高，你會更願意信任和培養員工，這形成了一個正向循環。

反之，如果你的所作所為不斷地激出他人的惡意，那麼最後的結果就是你遇到的壞員工會比較多，令你失望的事情自然也就比較多，你會愈來愈不敢投資員工，更不敢給他們授權，繼而進一步激發員工的惡意。這種負向循環形成之後，你的生意肯定難以做大。

需要提醒大家注意的是，生物態管理思維有一個大前提：你的產品設計和商業模式必須具有足夠強大的反脆弱能力，不會因為員工的一時之失就一蹶不振。在此基礎之上，你要做的就是盡可能地激發員工的善意，讓大家朝著共同的目標自發奔跑。

當然，這是一項十分艱苦的工作，能做到這點很不容易。你需要先改造自己，讓自己的內心變得強大，能夠接納員工的錯誤，並給他改進的時間和空間。創業者只有先變得不同，才有可能讓整個創業團隊變得不同。

建立和前員工的「聯盟」

這一節中的話題很有意思，相信很多創業者都會很感興趣——如何處理和前員工的關係。

相信每一位讀到這裡的創業者朋友，都已經弄明白母系統和子系統的關係。作為創業團隊的領導人，你需要為員工提供成長的土壤，也要時刻保持他的不穩定性。如何才能保持員工的不穩定性？最好的方式是讓員工知道自己遲早會離開這個團隊，離開才是最大的不穩定。

①離開前，幫員工塑造成長型心態

有很多創業者總是在為員工營造一個幻象——我希望你永遠都不要走，一朝成為我們的人，一輩子都是我們的人。這種想法一旦在員工心中生根發芽，會出現什麼情況？他的成長速度就會明顯減慢，關注點會從自身成長轉移到內部鬥爭上，開始斤斤計較，事事抱怨，拉幫結派搞「小團體」，和別的派系鬧矛盾，團隊的內耗便由此而生。為了防止這種情況發生，創業者應當讓每個員工都思考一個問題：「你不會永遠留在這個團隊裡。有朝一日，當你決定要離開的時候，你希望自己成為一個什麼樣的人？」這個問題實際上是在幫助員工尋找自己的職業目標，一旦員工明確了自己的發展方向，你便可以有針對性地對他進行培養，給他充足的成長空間和良好的成長環境，並明確告訴他：「很好，我可以培養你，但這不是一個輕鬆的過程，可能需要出差、學習、加班，甚至犧牲一些個人時間。我會努力為你創造進步機會，會送你去參加各種培訓，輔導你、指正你、將經驗傳承給你。只要你擁有了終身學習的成長型思維，我相信你一定會成功。」

此時，你再讓員工參加各種學習、培訓，他還會抵觸嗎？不會。他會認為：「這是老闆在鍛鍊我，他沒有騙我，真的在想方設法幫助我成長。」因此，你需要幫他形成終身成長的想法，要讓他知道這是自己的選擇，是自己想要成為一個更好的人。

②離開後，和前員工建立聯盟

世界那麼大，肯定會有員工想出去看看。員工離職其實是對創業者心胸的極大考驗，有些創業者的格局不夠大，跟每一個要走的前員工都鬧得十分不愉快，甚至採取各種手段把人逼走。某網際網路巨頭在裁員時，派了兩名保安盯著一個員工，不允許他再碰公司電腦。這樣的解雇過程自然引發了大規模的訴訟。如此的做法，不僅讓企業失去了前員工可能帶來的團隊發展機會，也會對現有員工造成消極的心理影響，致使整個團隊軍心動搖，為日後的發展埋下隱患。

谷歌公司前CEO艾立克・史密特曾多次在公開場合提到一本書——領英的團隊成員里德・霍夫曼、班・卡斯諾查和克里斯・葉合著的《聯盟：互聯網時代的人才變革（聯盟世代：緊密相連世界的新工作模式〈繁中版〉）》。這本書對我的幫助很大，所以推薦大家有時間儘量都讀一下。此書的最大價值，在於提供了一種使雇主與員工從商業交易轉變為互惠關係的框架，鼓勵公司和個人相互投資，組建全新的聯盟體系，將非終身雇用的員工變為公司的長期人脈，並吸收員工的高效人脈情報。

我們之所以如此重視前員工，和他們之間建立廣泛而深入的聯盟關係，其實是因為受到了《聯盟：互聯網時代的人才變革》這本書的啟發。在生物態團隊中，前員工是資源，而不是負擔。員工在離職之後依然能為團隊帶來利益，如果他願意成為樊登讀書的代理商，還可以和公司雙贏，一舉數得。慢慢地，你會發現，雖然前員工離開了創業團隊，但是你的資源卻在源源不斷地增加。為什麼會這樣？其實原理之前已經說過了：子系統的不穩定，造就了母系統的穩定。

我在一所大學講課時，認識了招生辦的一位主任。他聽了我幾次課，私下找到我表示感謝，說我的課對他幫助很大。

原來這位主任手下有兩位比較得力的女性幹將，工作數年之後想要跳槽。這位主任一聽勃然大怒：培養了這麼多年，現在終於有了點成績，哪能說走就走。於是，他就不打算在對方的離職證明上簽字，還打算扣下她們的檔案，阻止她們離職。

在聽了我的課之後，這位主任的觀念發生了轉變。他客客氣氣地為對方簽了離職證明，辦理了相關手續，甚至還寫了推薦信。當然，如果事情發展到此就告一段落，我也不會花這麼多的筆墨去渲染。各位不妨想想，後來又發生了什麼事情。

從大學離職的這兩位姑娘，在新東家那兒認識了更多的人，其中很大一部分都有著求學深造的想法。每當遇到這樣的人，她們就都介紹給了之前的學校，讓招生辦的績效提升了一大截。

最令人感動的一件事發生在某個週末。主任正在加班，突然看見之前離職的姑娘中的一位推門而入，他以為又要給他介紹新生，但發現這位姑娘是孤身一人，並沒有帶其他人一起過來。主任有些不解，便問道：「你怎麼過來了？」

這位姑娘哈哈一笑，說道：「我知道週末你們沒人代班，我反正今天也沒什麼事情，就過來看看有沒有能幫上忙的地方。」

你看，已經離職的員工，不僅能成為公司全新的銷售管道，甚至還能自發地回到老東家免費代班。這就是前員工的潛在力量。

馬雲曾經說過：「一天的阿里人，就是終身的阿里人。」阿里巴巴集團每年都會組織盛大的前員工聚會，每次參加者都高達1萬多人。馬雲無論在聚會的前一天身處何處，都會準時趕到現場，與這些前員工侃侃而談，既談投資也談合作。這些阿里前員工組成的企業團隊被慣稱為「阿里系」，它與騰訊系、百度系等同為業界美談。

如果你能夠這樣對待離職的員工，那麼團隊中現有的員工也會更加努力。因為他們知道，你並不只是利用他們而已，你是真的在為他們的未來著想。更有甚者，如果有員工想要創業，你還可以投資他，成為他的天使投資人，這是最可靠的一種投資方式。

其實，無論員工離職後是去其他公司上班，還是投身創業，你都可以跟他形成很好的聯盟關係。這樣一來，你的人脈資源就會變得愈來愈多，團隊的反脆弱性也會愈來愈強，最終成為一個堅不可摧且無堅不摧的母系統。

學會為團隊的狀態賦能

我是一名講書人，所以在我自己的書裡，也離不開各種其他人寫的書。我從這些書裡汲取的智慧和養分，正是支持樊登讀書走到今天的力量源泉。接下來想跟大家分享的一本書，書名十分氣人，叫《海底撈你學不會》。換句話說，海底撈創業成功的所有祕密都在書裡，但你就是學不會，你說多可氣。說來也奇怪，即便後來發生了「後廚老鼠事件」，也並未對海底撈產生過於嚴重的長期影響，海底撈依然是那個海底撈，一樣的味道，一樣的服務，一樣賺錢。當然，短期影響肯定是有的，但海底撈的應對讓我對它的支持持續到今天。

在「後廚老鼠事件」發生後不久，我和團隊裡的幾個重要幹部一起到海底撈吃飯。酒足飯飽之後，服務員走了過來，笑著問道：「您幾位吃完啦？我們現在開展了一個參觀後廚的活動，各位願不願意到後廚來參觀一下？」言辭得體，語氣親切，就像一個剛搬來的鄰家小哥，讓我們去他家裡參觀一樣。

參觀完後廚之後，這位服務員很真誠地給我們鞠躬，說：「我代表海底撈就之前發生的事向大家道歉。」一個服務員代表公司向顧客道歉，大家想想這是怎樣一種精神。然後我們一桌人說：「沒事，不要緊，後廚有老鼠不代表火鍋裡有老鼠，我們相信你們能整改好，以後還會來你們海底撈吃火鍋。」

一家餐飲公司將服務做到這種程度，確實讓人無話可說。網上曾經流傳過一個關於海底撈的小故事，說某位顧客在海底撈吃飯，到門口時發現對面餐館有人打架，就在門口看了一會兒。這時，服務員端個凳子過來，對他說：「大哥，你可以站在凳子上看，我們已經派人去打聽了，一旦得知事情的起因，馬上告訴您。」你看，就連顧客看人打架他都管，都為你提供服務。將服務做到了顧客心裡，讓其他火鍋品牌怎麼和他們競爭。

為什麼會這樣？是因為海底撈的服務員素質特別高？看完我接下來說的這件真事，你或許就能找到答案。

我有一位藝術家朋友，某天因為瑣事心情不太好，便去商場裡購物，放鬆心情。路過海底撈門店時，有個服務員出來對她說：「大姐，進來坐坐吧。」

她很警惕，直接問：「你想幹什麼？」

服務員一聽語氣不對，趕緊向她解釋：「我看您心情不好，不妨進來坐會兒，沒事的，反正在我們海底撈，瓜子、花生隨便吃，我再找幾個服務員表演節目給您看，讓您開心開心。」

我的藝術家朋友很奇怪，便問道：「我只是路過，現在肚子也不餓，你們圖什麼呀？」

這個服務員笑了，說：「我就是看您心情不好，想讓您高興一下，沒別的，您別多想。」

從這個真實事件中，你能感受到什麼？海底撈的員工年紀普遍不大，但為什麼會有如此強烈的責任感和主人翁意識？光有責任感還不夠，瓜子、花生隨便吃，再加上表演節目，可都是需要成本的，他只是一名小小的服務員，為什麼能替店長做主？答案其實很簡單，海底撈賦予服務員一定的免單權。也就是說，海底撈的服務員有一定的許可權為顧客免單，他可以對顧客說：「這桌免了，你們走吧，不要了。」

可能很多人並不知道讓員工有免單權這件事的重要性。有一本書叫《高能量姿勢（姿勢決定你是誰：哈佛心理學家教你用身體語言把自卑變自信〈繁中版〉）》，書中主要說的是哈佛大學某位教授的一個研究成果——人的狀態和生理學的關係。

經常聽人說「今天我的狀態很好」，或者「今天我的狀態不好」，這些說法聽起來比較主觀，但其實狀態可以客觀量化，透過測量得出。你只需每天早上將裝有唾液的瓶子送給相關機構進行檢測，透過檢測你體內分泌的睪酮和皮質醇的含量，就能測量出你今天的狀態如何。睪酮含量愈高，說明這個人愈有勁；皮質醇含量愈高，則反映出這個人的壓力愈大。所以，一個人最佳的狀態是睪酮高、皮質醇低。

皮質醇的概念在前文中已經介紹過，就不過多贅述了，這裡讓我們著重瞭解一下睪酮。

睪酮又稱睪固酮、睪丸素、睪丸酮或睪甾酮，由男性的睪丸或女性的卵巢分泌，腎上腺也會分泌少量睪酮，它具有維持肌肉強度及品質、維持骨質密度及強度、提神及提升體能等作用。研究結果顯示，許多成功的證券交易員體內都含有比正常值要高的睪酮，這能顯著提升他們的自信心與工作動力，還能替交易員壯膽，協助他們勇於冒險，在瞬息萬變、高風險的股票市場中衝鋒陷陣。

研究結果還指出：包括證券交易員，其他在高壓下工作的人如航管人員、需要快速下決定的企業管理者，都深受睪酮分泌量的影響。這種現象被稱為「贏家效應」，它可以增加人的自信心和冒險精神，並且在正面回饋的循環中，提升再次獲勝的機率。

我一直以來都認為，分析一件事情就要分析到生理層面。否則，你看到的依然僅是表象，而不是真正的原理，這也是我經常跟大家推廣生理學概念的原因所在。看完《高能量姿勢》這本書後，你會明白，當你藉由各種方式，讓一個員工的睪酮分泌量升高，皮質醇分泌量降低，他就能保持上佳的狀態；反之，如果你讓員工成天分泌皮質醇，就會讓他患上抑鬱症，晚上睡不著覺、壓力增大、經常發脾氣、跟人打架，最後就會重病纏身。對此，我深有體會。

我現在的演講跟幾年前相比，狀態完全不同。原因很簡單，幾年前我在做演講時，開場的前五分鐘都在想方設法地與聽眾建立連接，先得讓大家知道我這個人是幹什麼的，為什麼要聽我的演講。

那時我的知名度還不算高，所有來聽我演講的人進場後都會想：「時間花得值不值？萬一樊登講得不好，那我起身就走，省得浪費時間。」所以，我需要花很大的力氣去建立和聽眾的連接，這個過程十分消耗精力，有時甚至會影響我的演講狀態。

現在的情況完全不同了，每次我一上臺，不管我這場演講的主題是什麼，聽眾都會很耐心地聽我講完。除了我個人的演講水準確實有所提升，很多人想和我合影留念也是讓他們能夠留下來的一大原因。在這種情況下，我的睪酮分泌量就會增多，皮質醇分泌量就會下降。生理體徵的變化會讓我覺得輕鬆愉快，我的演講狀態就會保持得更好。

狀態對人的影響十分巨大，你知道賦予一個員工能替客戶免單的權利，最重要的作用在哪兒嗎？就是提高他的睪酮分泌量。當他走進自己負責的區域地時，他會覺得「我是此區域之王，所以得照顧好這些客戶，想盡辦法讓他們開心」，這是一種非常了不起的工作狀態。要知道，快樂是會傳染的，員工的良好服務狀態能夠有效提升客戶的體驗度和滿意度。

不幸的是，很多創業者並不明白這個道理。他們每天做的事，就是儘量打擊員工的狀態。以攝影鏡頭為例。在很多創業公司裡，老闆為了監督員工的工作，在每一個法律允許的角落裡都安上了攝影鏡頭。這種做法帶來的直接結果，就是所有員工都怕攝影鏡頭，覺得攝影鏡頭的「罣酮含量」最高，它盯著我們所有的人，大家都小心點。這樣的想法會嚴重影響員工的工作積極性，最後導致所有人上班時都有氣無力，毫無精氣神，出了任何問題，首先想到的是自保。想讓這樣的員工為你照顧好客戶，無異於癡人說夢，更不用說品牌價值的提升了。

說到這裡，你應該明白，工作本身就應該是一件令人愉快的事情。你要做的是想方設法激發自己和員工分泌更多愉快的物質，而不是那些會帶來巨大壓力的物質，這是兩個完全不同的方向。

生物態團隊的管理和溝通

在傳統的簡單體系管理思維中，80%的管理者終其一生都只會用某種具體的管理方法對待員工，他們認為自己只需要符合某種標準的員工。不符合這種標準的員工，要嘛往這個方向同化，要麼就直接被掃地出門，剩下的都是一個模子刻出來的標準化員工。

然而，創業團隊是一個極其複雜的體系，整個團隊就是大自然。既然是大自然，強調的肯定是不同物種的和諧共處，創業者需要尊重每一個員工的不同類型，對其採取不同的管理方式，這就是孔老夫子說的「因材施教」。

我一直在強調終身學習的重要性，生物態創業團隊中的員工的確需要具備成長型思維。可成長也要分階段進行，沒有人能一口氣吃成胖子。這時候，創業者需要掌握一套完整的管理方法和溝通工具，以應對不同類型員工的管理需求，這便是本節的主題——情境領導。

下面我以一個剛畢業進公司的大學生為例，按工作能力和工作意願的標準，為各位講解情境領導將會面對的四大類型員工，以及對他們的不同管理方式（見圖5-1、P218）。

①指令型

當一個大學生剛畢業進入公司時，他的工作能力肯定比較低，但有著較強的工作意願。這時候他最需要的是指令，最好有人能細緻周到地告訴他「需要去做哪些事情」、「絕對不能做哪些事情」。我將員工的這個階段稱為「指令型」。

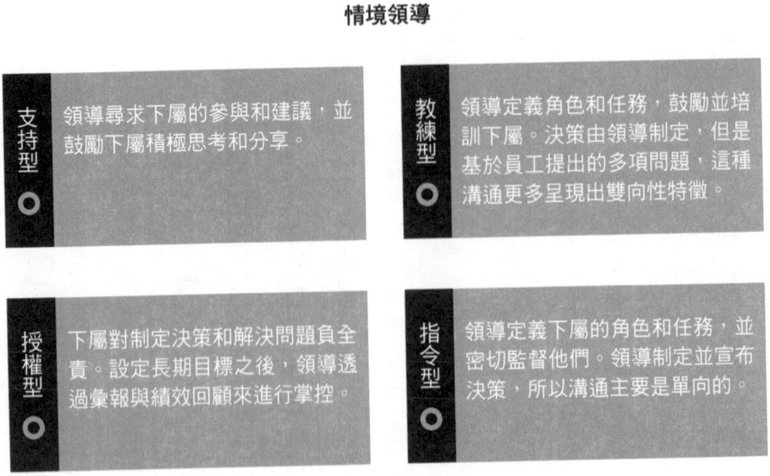

支持型 ◎	領導尋求下屬的參與和建議，並鼓勵下屬積極思考和分享。	教練型 ◎	領導定義角色和任務，鼓勵並培訓下屬。決策由領導制定，但是基於員工提出的多項問題，這種溝通更多呈現出雙向性特徵。
授權型 ◎	下屬對制定決策和解決問題負全責。設定長期目標之後，領導透過彙報與績效回顧來進行掌控。	指令型 ◎	領導定義下屬的角色和任務，並密切監督他們。領導制定並宣布決策，所以溝通主要是單向的。

圖 5-1　情境領導針對的四大員工類型

②教練型

入職半年之後，這名新員工有了一定的工作經驗，工作能力得到了顯著的提升。在沒有人發號施令的情況下，也能將安排給他的事情處理妥當。但是，由於長期被人呼來喝去，他的工作意願已經不那麼強烈，這時候他需要的不再是個指揮官，而是一名教練。教練會根據遇到的具體情況，向他提出不同的問題。

比方說：「小張，對於這次要去談的客戶，你有什麼想法？」、「為了拿下這單業務，你覺得咱們應該注意些什麼？」我將處於這一階段的員工，稱為「教練型」。需要注意的是，在這個階段中做決定的依然是教練，而不是這名員工。

③支持型

教練能夠激發員工的工作意願，繼續提升他的工作能力。但是，由於員工依然無法自己做出決定，工作意願只能歸於中等。接下來，你需要做的是給予他大量支援，尊重他的個人能力，進一步提升他的工作意願。

舉個例子，你先問他：「這件事你打算怎麼處理？」聽完他的回答之後，對他說：「我覺得你說得不錯，就按你說的辦。」這一階段的員工需要得到來自上層的大量支援，因此，我將其稱為「支持型」。

④授權型

當你發現這名員工的成長速度很快，按照他的想法，事情大都能夠得到圓滿解決時，你需要做的就是給他充分的空間，讓他有機會獨當一面，這就是人們常說的「授權」。

比方說，「你之前處理這類事情都很不錯，以後再遇到此類事情，你可以不用再徵求我的意見了，自己放手去做吧」。在這種情況下，他的工作能力已經得到了驗證，而工作意願也會極其強烈。換句話說，他已經成長為創業團隊中的骨幹，是你的左膀右臂，我將此類員工稱為「授權型」。

情境領導是比較高階的管理手段，由於對員工類型進行了細緻劃分，產生的管理效果也十分明顯，能夠讓員工擁有較快的成長速度。當然，情境領導絕不僅停留在思路和方法的層面，它是一種能夠落地的管理手段。如何才能有效落地？你還需要掌握與之配套的四種溝通工具——TDAO。這四種溝通工具無所謂好壞，也各有其利弊，你可以在面對不同階段的員工時靈活使用。

① T：指令型溝通工具——告知

對待沒有多少工作能力的新員工，往往採取的是告知（Tell）式溝通，告訴他具體的一件事情應該如何分步驟完成，注意要點是什麼。告知式溝通最大的好處是會讓員工覺得思路清晰，學習的效率較高，並且有明確的責任人。不足之處也很明顯，使用次數多了，員工就容易懈怠，對你產生高度依賴。無論事情處理的結果如何，反正都是你告訴他這樣做的，他自己完全不用承擔責任。

張瑞敏和楊綿綿正是透過告知的溝通方式，將海爾公司的資產帶到了百億量級。由於管理方式比較強硬，多以指責和命令為主，海爾的很多員工在見到張瑞敏時，都會心生恐懼。

我曾在青島遇到一位從海爾離職的計程車司機，按照他的話說：「過去的海爾簡直不是人待的地方，就像是一個監獄。」具體是什麼事情，導致這名海爾的前員工心懷怨念，我不得而知，他的話也存在極其明顯的主觀色彩，不能全盤相信。但起碼說明了一件事，海爾早期的暴力管理方式比較不得人心。

如果海爾繼續按照這種方式管理員工，可能會面臨極大的風險。所幸的是，張瑞敏和楊綿綿這兩位黃金搭檔及時認識到了問題所在，掀起了聲勢浩大的「一千天流程改造運動」，將海爾的企業文化徹底改換。

現在我再走進海爾的廠區，已經聽不到員工們的抱怨，大家都有了較強的主人翁精神，這在過去是不可想像的事情。海爾也因此迎來了企業的第二次輝煌。

② D：教練型溝通工具——討論

對待教練型員工，你需要掌握的溝通工具是討論（Discuss）。討論的好處是讓員工充分理解你處理某件事情時的具體用意。一旦弄明白了事情背後的原理，他就可以舉一反三、觸類旁通，成長得很快。

當然，這樣做會占用你大量的時間，你也沒有足夠的精力去和所有員工一一討論所有事情。怎麼辦呢？你需要儘快從員工中挑出打算重點培養的人，儘快將其培養成授權型員工，讓他代替你成為其他員工的教練，並以此類推。這就是一個複製裂變的過程。

③A：支援型溝通工具——提問

提問（Ask）是在面對支持型員工時最合適的溝通工具，好處顯而易見。由於受到了尊重，員工的工作意願和主人翁意識都會得到極大提升，能有效激發他們的潛能，也可以為你節省大量的管理成本。

需要注意的是，創業者在使用「提問」這一工具時，要與「告知」明確區分開來。建議往往會帶來抵觸心理，而提問能讓員工充分思考，思考的過程才是重點，你的任務是提下一個問題。有些創業者總喜歡給員工各種建議，殊不知建議的缺陷十分明顯。一旦出了問題，黑鍋得你來背，畢竟想法是你提出的，他只是照做罷了。而提問則完全不同，雖然你同樣需要承擔部分責任，但是想法的來源是他，責任主體也是他，你只是同意了他的想法而已。

提問是我在講課時經常會用到的溝通方法。舉個例子，有人問我：「樊登老師，你看這件事情我應該怎麼做？」

通常遇到這樣的問題，我都會反問他：「你認為怎麼做比較好？」

對方有時會搖搖頭，說：「我真的想不出辦法。」

在這個時候，創業者一定要多加小心，你千萬不要越俎代庖替他想主意，你的最終目的應該是激發員工的潛能，而不是自己的潛能。我見過很多創業者在向支持型員工提問時，經常抓耳撓腮、冥思苦想，代替被提問的人思考解決方案，而他的提問對象卻十分輕鬆地等待著他的回答，本末倒置。

當對方說他無計可施時，我總會繼續追問：「你想解決這個問題嗎？」

他的回答肯定是：「想啊。」如果不是，他也不會問我。

我會接著說：「OK，既然你也想解決問題，那就好好想想辦法。辦法總比問題多，只要用心思考，肯定能找到。」

提問的關鍵，在於你一定要讓對方去尋找答案。無論經歷怎樣的困難，只要他最終找到了解決方案，他的自信心和成就感就會立刻提升，因為他能感覺到是自己在控制這件事情。而你一旦給他建議，他馬上就氣餒了，會覺得：「這又是你在主導，我又失敗了。」此時，他的挫敗感會大幅上升，而責任心也會隨之減弱。

為了幫助大家深入掌握提問的精髓，我總結了提問的四大步驟——GROW，以下分而論之。

❶ G：目標

第一組問題全部針對目標（Goal）：「你的目標是什麼」、「你想解決什麼問題」、「你想在什麼時候解決」等。在這個環節，創業者的作用是幫助員工將目標愈來愈清晰地描述出來，一旦你發現他已經明確自己的目標，第一組問題便宣告結束。

❷ R：現狀

第二組問題是現狀（Reality）如何，比如：「現在的情況怎麼樣」、「發生了什麼變化」、「你做了哪些應對措施」、「分別有什麼結果」、「你有什麼資源」等。這組問題的目的在於讓員工對現狀有清晰的認知，而不是一團亂麻。

❸ O：選擇

第三組問題和選擇（Option）有關，比如：「你不是有這個目標嗎？你也知道現狀如何，那麼你有哪些選擇」、「你現在能夠做些什麼去解決這個問題」、「在相似或相同的情況下，你聽過或見過別人怎麼做嗎」、「還有嗎」等。

在這些問題之中，最有效的就是「還有嗎」。當你反覆問這個問題時，員工就會不斷地開動腦筋，去想「還有什麼呢」。人們往往會有特別強烈的限制性想法，總認為自己已經想到了解決問題的全部方法，可事實並非如此。你需要盡可能地激發他的想像空間，讓他在尋找答案的過程中興奮起來：「哇，原來我也能想到這麼多辦法！」

❹ W：意願

最後一組問題是意願（Will）。這組問題是提問這個溝通技巧的高潮部分，也是最後收尾的部分，比如：「你剛才想的這麼多方法，哪一個是你最喜歡的」、「接下來，你打算怎麼做」、「你覺得下一步什麼時間進行比較合適」、「如何才能讓我知道你做了」、「你會遇到哪些困難」、「遇到這些困難向誰求助」、「你需要準備些什麼東西」等。

當你把這些問題全部提完，員工也一一作答之後，還有一個非常重要的問題在等著他：「以10分為限，你覺得自己完成這件事情的可能性有幾分？」這是個非常經典的問題，很多時候，對方前三組問題都回答得很好，最後讓他給自己打個分，他卻非常沒有信心地打了個低分。低分證明他的信心不足，那你就要接著問他：「調整哪些因素可以提高這個分值？」

讓他自己去查缺補漏，最終給出8分、9分或10分的答案。

④ O：授權型溝通工具——觀察

最後，再來看看觀察（Observe），這種溝通工具主要用於授權型員工。此類員工其實不需要你進行過多的溝通，你要做的事情就是充分授權給他，然後觀察他的動靜，「觀察」也可以叫做「監控」。提醒大家一下：有授權則必有觀察，即便你再用人不疑，過度的信任也容易壞事。

業內流傳著這樣一個故事：某家公司的CEO在上任後一年內，一直蕭規曹隨，讓公司完全遵循之前的軌跡運營，沒有任何自己的舉動。對於這件事，公司內議論紛紛，很多人都開始懷疑這位CEO的管理能力，但他依然不為所動。

一年之後，這位CEO出手了。不鳴則已，一鳴驚人，他的舉動引發了公司的「大地震」——他一次性開革了大批尸位素餐的員工，又將另一批有才華但長期得不到重用的人才進行了相應提拔，並推出了一系列的管理條例。陣痛當然是有的，但很快公司便又重新步入正軌，並在年底取得了比前一年高出幾倍的業績。

有人好奇地問他：「大家都說新官上任三把火，你的管理能力明明很突出，為什麼之前一年卻毫無動作呢？」

這位CEO神祕地笑了笑，說：「我家曾經買過一套別墅，別墅的後院長了一大堆花花草草。我很想翻整一下後院，但由於購買別墅時正處於冬季，我不知道哪些是野草，哪些明年還能開出美麗的花。我能做的事情只有等待，等到來年春天開花後，我才能分辨出哪些是草，哪些是花，再分別清理、培養。」

這個故事當然是編的，它用比較容易讓人接受的方式，說明了觀察的重要性。需要注意的是，觀察確實是一個不錯的溝通工具，但有其適用物件和環境，千萬不可一概而論。我其實很反感此類的「心靈雞湯」，雞湯確實好喝，但卻總不給勺子。「雞湯故事」往往片面強調某件事情的優勢，而降低了整體的複雜性，這一點大家千萬小心。

以上四種溝通工具各有利弊，你需要在不同的環境下使用它們，如果用錯了就會產生比較嚴重的後果：不是揠苗助長，就是大材小用，這是生物態管理的大忌。

第六章

最優客戶發展方法：MGM

客戶的真正價值，在於他能為你帶來新的客戶，讓你的生意源源不斷。如果你認為客戶和你只做一次買賣，那你的生意永遠做不大，永遠無法抵禦未知的風險。當然，這是一門技巧，需要學習一些廣告學的知識。更重要的是，你得有能讓客戶尖叫的產品。

十萬人說不錯，不如一百人尖叫

這一章的主題是MGM（Member Get Member，讓客戶帶來客戶），更偏向於行銷和推廣。但在展開這個主題之前，有必要先強調一下產品的重要性。創業成功的第一要素，絕對不是行銷模式和推廣策略，而是優質的產品。讓客戶為你帶來愈來愈多的客戶，是每個創業者的夢想，但是，請你記住，MGM的前提是產品。如果沒有一個特別好的、被驗證過的產品，任何推廣行銷手段都是對你的毀滅性打擊。

①客戶只會給你一次機會

之前我說過，樊登讀書在做新版本的時候，從來不會從老客戶中直接導流，而是單獨做一個新的App。對此，很多業內人士不太理解，團隊中的小夥伴也有過質疑，但我一直堅持如此。一方面是我想保持樊登讀書的優雅姿態，另一方面則是基於我對產品的重視。

如果我把樊登讀書現有的上千萬流量導給一個並不太成熟的產品，比如老年版或者少兒版，會發生什麼？肯定會有很多客戶點進來試用。然後，恐怖的事情便會發生。這些客戶很快就會發現，新產品並不像宣傳中說的那麼好用，還會覺得這次導流很不負責，辜負了他們對樊登讀書的信任。

創業者一定要學會珍惜自己的品牌，因為客戶只會給你一次機會。一旦你辜負了客戶的信任，他便會對整個創業團隊產生質疑，即便你很快就推出更新的版本，他也不會再用了。

某公司之前做過一款產品，並透過短信的方式發給全國上億使用者。很多使用者都註冊了該產品的帳號，試用後發現有些按鈕根本找不到，結果自然是卸載。該公司難道沒有反覆運算能力嗎？當然有，而且很強大。但是，用戶已經失去了開始時的信任感和好奇心，不會再給它任何機會。

因此，樊登讀書的每款新產品都會重新走一遍自己的老路，從零開始慢慢積累自己的客戶，並不會過於追求增長的速度。在這一過程中，我們能夠承受錯誤和失敗，也可以不斷反覆運算更新。

日本「經營之聖」稻盛和夫說過：「好的陶瓷元器件，往往能夠讓人看一眼就傷到手。」意思是真正好的陶瓷元器件，從外表上就能體現出它的質感，你會在腦海中聯想它摔碎後的鋒利邊緣，覺得手一碰就會被劃破。請相信我，你在產品上下的一切功夫，用戶都能感知，並「用腳投票」。

②創業者沒必要買流量

在此，我給大家提個醒，創業者完全沒有必要跟別的平臺或公司進行流量交換，別著急打廣告，更不要花錢買流量。

樊登讀書從創立到現在，幾乎沒有花錢買過流量。之所以用「幾乎」這個詞，是因為我們也走過彎路，嘗試花錢買了一次流量，但是效果很差。流量有真假之分，假流量只是一個資料，買假流量純粹屬於自我欺騙，對品牌沒有任何幫助。即便有真流量進來，在發現你的產品並不過硬之後，很快也會流失，你根本沒有變現的機會，這是一種「虛假繁榮」。

有了這次教訓之後，樊登讀書再也沒有幹過「買流量」這樣的傻事，所有的流量都是從線下往線上一點一點地帶。怎麼帶？我們確實想了很多推廣的方法，其中一些也頗為有效。但一切還是得回歸到產品本身。你必須做出一個又一個能讓客戶尖叫的產品，只有讓客戶尖叫了，他才會心甘情願幫你帶來其他客戶，這樣的流量才有意義。

③啊哈時刻：與其讓十萬個人都說不錯，不如讓一百個人尖叫

請注意，是「尖叫」，而不是「不錯」，這兩個詞都可以用來評價一款好產品，但是在程度上有著很大的差異。不錯的意思是「好」，滿足了客戶最基本的預期；而尖叫則代表「足夠好」，遠遠超出客戶的預期。世界上有非常多不錯的產品，客戶的回饋往往是不退貨、不給差評，僅此而已。只有足夠好的產品，客戶使用之後才會很激動，才願意主動將它分享給身邊的人，從而為企業帶來新客戶。記住一句話：「與其讓十萬個人都說不錯，不如讓一百個人尖叫。」

創業成功的核心一定是產品夠好，能夠讓客戶尖叫，發出諸如「啊哈，這就是我想要的東西」、「啊哈，這個產品原來在這兒，我找了好久終於找到啦」、「啊哈，這個產品這麼好用啊」之類的驚呼。我將客戶產生這種感受的那刻稱為「啊哈時刻」。

我非常明白「啊哈時刻」的重要性，因此多次跟產品經理們強調：多在產品設計上下功夫，讓每一個客戶在最短的時間進入「啊哈時刻」。只有這樣，他才有可能去轉發和分享，為你帶來新的客戶。如果沒有一個好的產品做保障，所有的推廣工具對你而言都是負擔，甚至是陷阱，會帶來很大的系統性風險。

產品的「啊哈時刻」才是關鍵，做不到這個不要談增長。

讓客戶為你帶來新的客戶

在有了足夠好的產品之後，MGM便成為創業者最應關注的事情。你要學會讓客戶為你帶來新的客戶，或者說讓第一次發展的結果成為第二次發展的基礎，就像滾雪球一樣。雪球為什麼會愈滾愈大、愈滾愈快？就是因為每一次往前滾的時候，都是以之前的雪球為基礎的。

以樊登讀書為例，新會員加入的主要方式是掃描老會員給他發的二維碼。截至2019年2月底，樊登讀書的用戶是1500萬人。如果每一個老會員每天都能發展一個新會員，可能只需要一個星期的時間，我們的付費用戶就能破億，再過一個星期，會有更多的人成為樊登讀書的會員。

聽起來是不是讓人熱血沸騰？然而，事情並沒有想像中這麼簡單。如何才能讓所有老會員每天都將二維碼轉發給他認識的人？很難做到，每年發一次都做不到。事實上，很多會員至今都沒有意識到他有二維碼，更別提轉發和發展新會員了。這是所有創業團隊普遍面臨的一個大問題——如何才能讓你的客戶為你帶來新的客戶。要想解決這個問題，無非從兩個方面入手，一個是讓客戶參與銷售，另一個是讓客戶提供口碑。

①讓客戶參與銷售

顧名思義，你要想辦法讓客戶直接參與到你的銷售環節中，讓他們成為你的「銷售員」，直接拉動你的銷售業績。

❶直銷

直銷是典型的讓客戶參與銷售，但它需要牌照，你得拿到相關部門給予的資質才能做，一般的初創企業夠不上這個門檻。

❷代言

就算你不能讓客戶直接幫你銷售，也可以試著讓客戶為你代言，這種方式可比你請明星做廣告划算多了。你可以策劃一些活動，讓客戶用他在朋友圈中的形象為你的產品做背書，說我用了某某產品，覺得很不錯，然後發一個購買連結。如果確實有人透過這個連結購買產品，你就可以給發連結的客戶一定的獎勵和優惠。

為了降低風險，在客戶願意為你代言時，最好不要直接分給他傭金。如果直接將代言和金錢掛鉤，會引發很多人的抵觸心理，他們並不願意單純為了錢去代言產品。相較而言，客戶更願意得到的是榮譽感和責任感。比方說你可以回饋給他一些積分、發簡訊對他表示感謝，或者和他進行深入的互動，讓他覺得為你的產品代言是一件很光榮的事情，如果不這麼做，會讓親朋好友與難得的好產品失之交臂。

如果你對這種方法比較感興趣，不妨到樊登讀書的APP上去看看。為了讓客戶為我們代言，小夥伴們至少想了二維碼分享、圖文分享等五六種不同的表達方式。做技術的小夥伴還發現，很多客戶之所以願意代言，完全是因為喜歡APP裡的圖片。於是，他們為圖片直接連結了二維碼，只要客戶長時間點擊圖片，就能自動將二維碼發到他的朋友圈，從而為樊登讀書帶來新的客戶。

得益於樊登讀書對客戶代言的長期關注，我們的體驗用戶數每天都以幾萬人的速度增長。在新活動推出時，這個數字還會突破10萬。

❸ 微商

微商在這幾年很流行，我個人也比較看好。馬雲曾經講過一句話：「未來有一部手機，就可以全球買、全球賣，如果有二三十億年輕人透過手機做生意，全球經濟將會發生翻天覆地的變化。」對此觀點，我深表認同。

假如你是一個KOL（Key Opinion Leader，關鍵意見領袖），或者你擁有一個粉絲眾多的公眾號，最好的變現方法並不是直接做廣告（俗稱「硬廣」），而是進行軟性宣傳（俗稱「軟廣」）。直接給企業打廣告的轉化率並不高，而一篇帶有溫度的推薦文章，能夠讓粉絲感受你的真誠，即便你最終的目的還是幫企業賣貨。

2017年，樊登讀書與微信公眾號「文怡家常菜」進行過一次合作推廣，做菜的女孩文怡是我們的粉絲，經常參與我們的互動。在得知她擁有20多萬粉絲之後，我們的小夥伴建議她寫一篇推薦樊登讀書的軟廣，最後按照會員的轉化量與她分成，她很愉快地同意了。

很快，文怡在公眾號裡發了一篇很棒的文章，題目是《請你務必打開看啊，我堅信，幾天以後，你一定會感謝我的》。在文章中，她從粉絲的角度出發，細說了加入樊登讀書的諸多好處，在粉絲中引起了強烈的反響，為我們引入將近5000名新會員。在計算完分成後，她很高興地告訴我們的小夥伴，這種方式既不會引起粉絲反感，收入也比一般廣告費高多了，她希望能和樊登讀書進行長期合作。

你看，這就是讓客戶參與銷售的好處。當你發現社會上愈來愈多的資源都願意幫你賣產品的時候，你想不做大都難。

②讓客戶提供口碑

每一個客戶都有巨大的潛在價值，除了讓他參與產品銷售，你還可以讓他分享你的產品，進而將產品的口碑告訴更多人。

在具體講解這個方法之前，我們先來瞭解行銷大師菲利普•科特勒在《行銷管理（營銷管理〈繁中版〉）》一書中提到的重要概念——行銷漏斗。在科特勒先生看來，消費者的購買過程大致可以分為三個簡單的步驟：知曉、嘗試、購買。在透過各種方式知曉了某件產品之後，一部分消費者會嘗試使用該產品，這其中又有一部分人會購買該產品，成為企業的客戶。

隨著時代的變化，現在的消費者們有了大量的行動社交工具，這讓傳統的「行銷漏斗」

出現了兩個新的層級——分享和搜索（見圖6-1）。部分客戶會將對該商品的評價發到社交網路上，讓更多人有機會看到，這就是「分享」的過程。看見他的分享之後，對該產品感興趣的人會嘗試在網上搜索該產品的相關資訊，從而來到「知曉」的環節，進入新一輪的行銷漏斗。客戶分享的結果將直接影響該產品被搜索的效果，繼而影響新客戶的知曉、嘗試和購買流程。

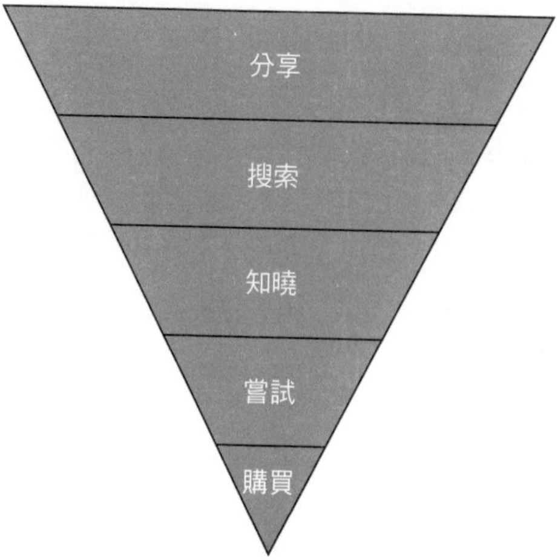

圖 6-1　新時代的「行銷漏斗」

「搜索」這個環節並不是我想展開的重點。如果你覺得自己的品牌被人搜到的機會很少，或者總能在網上看到品牌的負面新聞，那就不妨系統地學習「搜索優化」的相關知識，或者直接與專門經營此項業務的公司合作，讓專業人士幫你優化品牌搜索和詞條管理。搜索是一門技術專業，建議你讓專業的人從事，畢竟他們的經驗更豐富，也能讓你面臨的風險更低。

相比搜索，我更願意和大家交流的是

「分享」這一關鍵環節。你要給客戶足夠的動力，讓他在使用產品之後給予好評，並願意將產品的使用感受分享到自己的社交網路裡。這就意味著，創業者務必深入瞭解分享的相關技巧，這是檢驗產品是不是足夠好、有沒有解決對方問題的重要環節和步驟。

如何才能讓客戶主動分享你的產品呢？我從廣告學的角度總結了五個關鍵要素，分別是：專業化、簡單化、情緒化、視覺化、故事化。在下一節中，我們先來瞭解什麼叫專業化。

提升專業的廣告品位

分享的技巧其實更偏向於廣告學領域。在大量的培訓和諮詢實踐中，我發現了一個很有意思的祕密——那些了不起的公司，創始人都對廣告學十分精通。

農夫山泉創始人鍾睒睒最早從事的就是廣告行業，經典的「農夫山泉有點甜」就出自他的手筆；娃哈哈的廣告也是創始人宗慶後親自策劃的。還有史玉柱，史玉柱在廣告領域有著獨特的風格，每當提起他的名字，我的腦海中就會浮現兩個衣著鮮豔、不斷扭動身體的老人，耳邊還縈繞著那句「今年過節不收禮，收禮只收腦白金」……。

給大家提個醒，如果你依舊有著「我沒必要學習做廣告的相應技能，直接找那些廣告公司合作就好」之類的想法，你就很難成為一個有銷售能力的老闆。業界確實有很多資深的廣告公司能為你出謀劃策，但是拍板還得由你自己來。

當廣告公司提供了幾個不同的創意後，如果你不具備專業的廣告學知識，往往就會挑花了眼，覺得這條也不錯，那條也很好。到了截止日期還沒選出合適的廣告，那怎麼辦？很多創業者都會一拍大腿，選擇讓自己感覺最興奮的那條。殊不知，能夠讓你興奮的廣告往往不是好廣告。它能讓你興奮，可未必能觸達客戶心中的那個點。所以，我建議大家如果有機會，都去學一些廣告學的專業知識，這對你日後的創業有百利而無一害。

大學時我看過廣告大師大衛・奧格威寫的《一個廣告人的自白》，這本書徹底改變了我的命運。大衛・奧格威是世界十大廣告公司之一奧美廣告公司的創始人，他創造出一種嶄新的廣告文化，是業界公認的現代廣告業的大師級人物。

《一個廣告人的自白》讓我對廣告這個領域產生了極為濃厚的興趣，我大三實習時就投身廣告公司，和廣告結下了不解之緣。1997年我讀大四時，就已經成為西安最大的廣告公司的策劃總監，公司為我配置了筆記型電腦、手機和獨立的辦公室。在這家公司工作時，我參與競標的專案從未失敗過。只要我參加投標，不管在過程中遇到怎樣的困難，最後總能中標，我被公司老總稱為「廣告鬼才」。

其實，我哪裡是什麼「鬼才」，不過套用了大衛．奧格威在書中教我的方法罷了。因此，我建議大家將大衛．奧格威的三本書都找來看看，包括《奧格威談廣告》、《廣告大師奧格威》和《一個廣告人的自白》。此外，他還曾為有志於做出最好廣告的後輩們推薦了克勞德．霍普金斯寫的《科學的廣告》，並將其列為奧美公司員工七本必讀書之首，大家不妨也去品鑑一二。

當你將這四本書讀完後，你對廣告的認知會發生翻天覆地的變化，品位也會大幅度提升。對於創業者而言，你並不需要絞盡腦汁琢磨那些絕妙的創意，也不需要親自動手做圖，只需要擁有專業的判斷能力，能夠判斷哪個廣告好，哪個廣告不好，這就足夠了。

此外，像艾爾．賴茲和傑克．屈特合著的《定位（定位：在眾聲喧嘩的市場裡，進駐消費者心靈的最佳方法〈繁中版〉）》一書，你起碼也得瞭解一下。雖然《定位》中說的原理並不絕對正確，像樊登讀書就屬於一家沒有具體定位的公司，但是在創業之前，如果能夠擁有定位和商業戰的相關思想，還是會對日後的創業之路產生很大幫助的。

①區分產品的兩大層面

什麼樣的廣告才是好廣告？關於這個問題，其實並沒有統一的答案，一切要以產品為依歸。換句話說，沒有最好的廣告，只有最適合產品的廣告。

結合大衛・奧格威的廣告學理論和我的個人感受，我按以下兩大層面將產品進行分類。第一個層面的評判標準是購買的動因，看客戶是主動購買還是被動購買；第二個層面是產品的重要性，即某件產品對於客戶而言是否重要。

❶主動購買型與被動購買型

客戶出於興趣、愛好、心情、生活品質、個人享受等因素主動購買的產品，稱為主動購買型產品；反之，則是被動購買型產品。這兩種類型的產品要相對來看，主動就意味著非剛需（剛性需求），剛需產品則是典型的被動購買型產品，比方說衛生紙、洗衣精、盥洗用具等生活必需品。

同樣是買房子，由於購買的需求不同，所購買的房子也分屬於不同的購買類型。婚房或學區房是典型的剛需，這類房產都屬於被動購買型；而別墅等享受性住房，就屬於主動購買型。

汽車也是如此。經濟型轎車屬於低端的代步工具，屬於被動購買型，而賓士、寶馬等高端轎車或跑車則屬於主動購買型。

以此類推，減肥產品也分屬不同的類型。一個適合200斤的大胖子去參加的減肥訓練營，就是被動購買型；而適合不足100斤的窈窕女郎參加的減脂塑身營，就屬於主動購買型。

不同購買類型的劃分取決於客戶的實際需求。同樣的產品在需求不同的客戶面前，也會出現不同的類型劃分。

❷重要的產品和不重要的產品

二者最大的區別在於客戶對價格的敏感度，而這種敏感度又由客戶的實際經濟水準決定。同樣是吃飯，一頓上萬元人民幣的高檔宴席，對於有錢人來說只是不重要的產品；而一頓三五百元人民幣的家庭聚餐，對於低收入人群來說可能就要花掉其月收入的1／4，這頓飯自然是他們眼中的重要產品。

②不同的產品，對應著不同的廣告策略

當你將產品的這兩大層面相互融合之後，會發現所有的產品都可以被歸為以下四大類，不同的產品類別對應著不同的廣告策略。

❶主動購買的重要產品

對於此類產品，代入感是最好的廣告策略。什麼叫代入感？就是讓客戶能夠身臨其境，沉浸到廣告的氛圍中去，感覺自己已經擁有了這個產品。最典型的例子是汽車廣告。

在各種媒體上，我們經常可以看到一些非常炫酷的汽車廣告。專業車手們遊刃有餘地駕駛著豪車，在各種困難路段中穿行，做出急轉、急停等高難度動作。更有甚者，還會出現一些現實生活中根本不可能存在的場景，如飛躍懸崖、水上行駛等。客戶明明知道這些僅是廣告效果，但依然會身不由己地代入其中，享受馳騁天地間的駕乘快感。

在主動購買的重要產品這一類別中，客戶對價格並不敏感，他們在意的是身分、階層的認同和消費給自己帶來的樂趣。只要明白了這個道理，你就自然懂得此類廣告的關鍵在於代入感的營造，別墅、遊艇、豪車、鑽戒等都是如此。

我特別喜歡澳洲的旅遊廣告。透過鏡頭，澳洲將自己美麗無污染的自然景觀、獨有的生態系統和人文情懷展現得淋漓盡致，讓觀眾對廣告中那個神奇的國度心生嚮往。給我印象最深的是廣告中最後一個鏡頭——一個穿著比基尼泳裝的澳洲女孩，在海灘上烤著篝火，身邊擺放著當地的美酒佳餚。鏡頭慢慢移動，女孩站起身，邊跑邊回頭說：「我們都準備好了，你來了嗎？」

大海、沙灘、篝火、海鮮、美酒、佳人，一應俱全，差的只有你了。這就是廣告帶給觀眾的代入感，讓你不禁發出感慨：「人生不過如此啊！」我當時看完廣告後，立刻就想訂機票飛去澳洲，可惜因為各種原因未能成行，深感遺憾。

❷主動購買的不重要產品

對於此類產品，廣告的側重點應放在強調客戶的身分屬性上。產品廣告要告訴觀眾，你只要使用了我們的產品，就是某種類型的人，讓觀眾更有歸屬感。比方說，買了百事可樂，你就是年輕的新一代；喝了紅牛，你就會充滿精力，迎接一切挑戰……那些比較成功的酒水飲料廣告，概莫能外。外行人看不懂，只覺得這個廣告很熱鬧，而內行人一眼就明白：「噢，方向對了。」

❸被動購買的重要產品

重要產品的一個典型特徵是價格相對比較高，而被動購買則意味著這是客戶的剛需，客戶不買不行。有了這個大前提，你就會明白一些廣告為什麼拍得那麼低端。

低端絕不意味著無效，比如不孕不育醫院的廣告，肯定不能學賓士、寶馬去拍那麼瀟灑詩意的廣告，你需要展現的是產品的專業度，能切實解決客戶的痛點。你要明確地告訴客戶：你的醫院有多少資深醫生和專業設備、解決過多少生育難題、能幫客戶省多少錢……整個廣告圍繞客戶痛點這個核心宗旨展開，愈嚴肅愈好。

辦公家具的廣告也是如此。你可以透過鏡頭將選錯辦公家具的嚴重後果一一展示，最後告訴客戶：「我們能給你提供合適的辦公家具。」

此類產品的意向客戶往往是從牙縫中擠出錢來購買產品的，你需要做的是不斷觸動他們的痛點，幫助他們儘早下定決心。

❹ 被動購買的不重要產品

此類產品很有意思，最適用的廣告手法是對比。其他的話不用多說，透過各種對比性實驗，突顯自己產品在同類產品中的獨特優勢就行，寶鹼公司的廣告大多都是這個模式。

大家肯定對佳潔士的廣告印象極深，就是用兩個塗抹著不同品牌牙膏的貝殼做對比。在酸性物質中浸泡一段時間之後，塗抹其他品牌牙膏的貝殼一敲就破，而佳潔士的牙膏能幫助貝殼抵抗腐蝕，不會輕易被敲破，效果一目了然。

以上是不同類型的產品最適合的廣告策略，大家不妨用身邊經常接觸的成功廣告來印證，以便加強理解和記憶。此外，我還想提醒諸位創業者朋友：為了降低風險，一旦確定你的廣告有效，千萬不要輕易更換。客戶對廣告的記憶有限，頻繁更換廣告只能讓客戶忘得更快。

全國每年都在做廣告的品牌有200多個，真正能夠讓客戶記住的不會超過100個，有些人甚至連50個品牌都記不住。那些能被記住的品牌，在廣告方面都有一個共同的特點——長時間投放。匆匆忙忙地投廣告，又匆匆忙忙地換廣告，只會讓廣告費付諸流水，而將廣告長時間地在各個管道「循環播放」，才能起到更好的效果。

將傳播點控制在一句話之內

說完專業化，再將目光投向讓客戶願意主動分享的第二個關鍵要素——簡單化。所謂簡單化，就是你要將品牌的傳播點濃縮為簡明扼要的一句話。很多創業者都想盡可能多地將產品的相關資訊告訴客戶，結果卻往往適得其反。要知道，我們正處於一個資訊大爆炸的時代，客戶的注意力是最為寶貴的稀缺資源。如果你傳播的信息量過大，沒人能耐心聽完。當然，這句話可不能信口胡說，你需要注意以下幾個方面。

①簡潔

你必須把傳播點控制在一句話之內，而且要足夠簡潔，一個多餘的字也不要說。

哈根達斯冰淇淋完全可以主打很多賣點，比方說有營養、味道好、包裝精美等，但大家知道它的廣告語是什麼嗎？「愛她，就請她吃哈根達斯」，將哈根達斯與愛的表達結合在一起。極為簡潔的一句話卻能給人留下頗為深刻的印象。

要讓客戶分享你的產品，就應想盡辦法給他一個簡潔易懂的句子，千萬不要捨不得做減法。即便你的產品確實還有很多優點沒講出來，也要學會捨棄。

②多用俗語

口語是人類語言的源頭，研究結果顯示，20～50％的購買決策主要受口頭傳播的影響。一些引起廣泛傳播的句子，都是口語、俚語和應酬話。很多農村牆體廣告的句子就很好，如「要想娶媳婦，立刻上淘寶」之類，這種句子極易傳播。如果你提煉的那句話聽起來十分「高大上」，效果往往都不會太好。TCL曾經花了上億元在中央電視臺打了一條廣告，叫

「TCL，成就天地間」，聽起來確實格局很大，但離普通消費者太遠了，有些不接地氣。

樊登讀書的口號是「每人每年一起讀50本書」，這句話不是想當然的，而是經過內部多次討論後提煉出來的。有很多朋友給我提建議，說：「你們這句話太普通了，不能體現讀書人的高雅格調。」

每當聽見這樣的建議，我在感謝對方之餘，都會暗地裡想：「如果換成『打破知識的詛咒』之類的句子，估計你說出去也沒多少人能夠聽得懂吧。」

華與華董事長華杉先生說過：「所謂廣告，絕不是企業寫一句話讓消費者聽，而是寫一句話讓消費者傳給其他消費者聽。」換句話說，你得說大家都能聽懂的話。

③戲劇化表達

一個能打破客戶固有思維、充滿戲劇性的句子，往往能讓他記憶深刻，得到更多的傳播機會，迪士尼就是個很好的例子。

迪士尼員工守則裡的一句話，讓我聽完反覆品味了很長時間，頗有些意猶未盡的意思。那句話是：「所有迪士尼的員工都是表演藝術家。」聽完這句話後，我就在想：員工怎麼會是表演藝術家？怎麼表演？扮演動畫角色嗎？

後來我才知道，迪士尼的員工就連掃地時都在跳舞，看見有排隊的孩子，還會過去給他扮鬼臉、變魔術，讓他不再覺得排隊是一件十分無聊的事情。將工作變成表演，相信每一個迪士尼的員工都會發自肺腑地愛上自己的工作。

④直接體現訴求

創業者最好能在廣告語中直接說明產品能為消費者提供哪方面的需求，無須過多修飾，直擊消費者痛點，並將其徹底打透。如「我們不做美容院，我們就做減肥這一件事」、「我們不做健身房，我們就做伸展」……這些都是很明顯的直接訴求，也是很好的句子結構。有些創業者往往喜歡用一些大而無當的口號，比如「西安最好的速食店」，這樣的口號毫無可信度，還不如「西安最好吃的煲仔飯」更能直擊人心。隨著你不斷地為品牌做減法，你的客戶黏著度也會水漲船高。

用產品牽動大眾的情緒

你是否想過：為什麼有些品牌的相關消息能夠一夜引爆朋友圈，而有些卻石沉大海？為什麼有些產品無處不在，而有些則無人問津？答案很可能與情緒有關。研究證明，能夠感染他人情緒的內容往往比其他內容更能激發人們即時分享的慾望。因此，我將「情緒化」列為讓客戶帶來客戶的第三個關鍵要素。在這一節中，我將重點和創業者朋友們探討，如何才能有效喚醒客戶的情緒，讓他們願意分享給其他人。

能觸動情緒的事物經常會被大家談論，所以創業者需要透過一些情緒事件來激發人們分享的慾望。說到這裡，有一本書不得不提——《瘋傳：讓你的產品、思想、行為像病毒一樣入侵（瘋潮行銷：華頓商學院最熱門的一堂行銷課！6大關鍵感染力，瞬間引爆大流行〈繁中版〉）》，作者是華頓商學院市場行銷學教授約拿・博格。他在書中用無數案例和調查資料驗證了自己的觀點：如果你的產品或品牌能喚醒他人的情緒，它就有機會被大眾瘋狂傳播。

先讓我們弄明白情緒到底是怎麼回事。眾所周知，情緒可以分為積極情緒和消極情緒兩大類。很多體現積極情緒的資訊確實更容易被人們轉發，但有時消極的資訊也會成為熱點，比如投訴一家大公司。所以，積極情緒和消極情緒，並不能作為判斷一個資訊能否廣泛傳播的依據。在此基礎之上，約拿・博格又提出了喚醒度這個概念。

所謂喚醒，其實說的是一種狀態。在此狀態之下，你的身體被啟動，並躍躍欲試，準備做點什麼。並非所有的情緒都具備高喚醒的效果，有些情緒甚至會起到抑制喚醒狀態的反效果。比如，你不幸失去了與自己相伴多年的寵物，在這種狀態下，你什麼也不想做，這就是低喚醒。

按照這兩個層面，約拿・博格將人類的情緒分為以下四大類。

①積極高喚醒情緒

崇高感、感動、敬畏、勇敢等情緒均屬此類，這種情緒會讓你願意將其傳播給更多人。比如抗戰勝利73周年紀念日那天，很多人會向人民軍隊致敬，這就是大眾願意轉發的「積極高喚醒情緒」。

科學類文章中描述的漸進性創新，或發現與探索之旅，能夠激發讀者某種特殊的情緒——敬畏之情。敬畏之情透過帶給人震撼和感動來引發共用行為，最經典的例子就是當年人們第一次拍到冥王星的照片。

2015年7月14日，人類第一次拍到了清晰的冥王星照片，當時，這件事引爆了朋友圈，我身邊幾乎所有朋友都在轉發冥王星的照片。與此同時，也有很多公司用冥王星照片做廣告，樊登讀書也在那天蹭了一次熱度。

這件事我記得相當清楚，因為廣告語是我想的。我讓美工在冥王星照片的旁邊加上了一句話：「多讀書，你會恆久敬畏。」正是因為擁有敬畏感，你才願意轉發樊登讀書的廣告。

大家不妨再思考一下，李宇春為什麼能夠奪得2005年超級女聲的冠軍？除了她堅強的歌唱實力，還有很大一部分原因在於她帶來的正能量。

那屆超女有觀眾票選的環節，觀眾的投票情況會影響最終名次，而李宇春得到了300萬張選票，她也因此成為娛樂圈內耀眼的明星，從此星途燦爛。

在李宇春成名之前，大眾認知中的女歌手個個都是美女，而李宇春完全不在此範疇之內。她擁有的不是美貌，而是雄心，是蓬勃向上的正能量。要知道，大眾的情緒最容易被正能量激發。保羅・帕茲的成名也是基於此理。

保羅・帕茲是一位手機銷售員，成名前沒有接受過任何正規的聲樂訓練。此外，他的外貌平平，又矮又胖，還長了一口齙牙。然而，在他登上《英國天才秀》的舞臺之時，卻以一首歌劇《今夜無人入眠》驚豔全英國。

由於其貌不揚，不客氣地說甚至有些醜，評委們一直不看好保羅・帕茲。但是當他開口唱完第三句時，現場馬上爆發出熱烈的歡呼聲。沒人能夠想到，他在唱歌時好像完全變成了另一個人，在舞臺上發出璀璨的光芒。曲末一段完美的高音，更是讓全場觀眾陷入瘋狂，紛紛起立鼓掌，掌聲經久不息。

最終，保羅・帕茲憑藉完美的表現，獲得了2007年《英國天才秀》最高的觀眾支持率，成功榮登冠軍寶座。

走上音樂道路之後，保羅・帕茲到世界各地舉辦巡迴演唱會，一度成為英國的年度專輯銷量冠軍，從一個羞澀內斂的手機銷售員蛻變為國際巨星。大眾喜歡的正是他這樣的勵志故事，這種故事能夠帶來正能量和崇高感，讓你相信人性的光輝，並願意為此進行大量的傳播。

再給大家舉個例子，比如你的創業領域是急救，就很容易引發積極高喚醒情緒。我在社交網路上幾乎看不到急救的相關產品和知識，但事實上急救這件事十分重要，完全可以激發人的社會責任感。你將這樣的資訊轉發給身邊的人，他們一定會感謝你，因為不知何時就有可能救人一命。只要你的產品禁得起考驗，文章寫得客觀真實，就會有很多人願意幫你分享。

②消極高喚醒情緒

恐懼、憤怒和焦慮是最容易讓人產生分享行為的消極情緒，以下分而論之。

❶恐懼

有句話叫「恐懼是最好的銷售劑」，說的就是這個道理。疫苗事件為什麼引發了那麼多人的關注？因為它引發了所有人的擔憂——疫苗出了問題，孩子們該怎麼辦？無數家長出於對孩子健康的關注，持續不斷地參與轉發與事件進展相關的文章和報導，這就是「消極高喚醒情緒」。

❷ 憤怒

接下來是憤怒。說到憤怒，有一個非常有趣的經典案例與大家分享。

加拿大歌手戴夫・卡羅爾在乘坐聯合航空的飛機後，發現隨機托運的吉他被摔壞了，這把吉他的市場價值是3500美元。憤怒的卡羅爾由此展開了與聯合航空之間長達9個月的交涉，最後，他的賠償要求得到的答覆竟然是「NO」。

在憤怒和沮喪之餘，他想到了一種另類的報復方式——寫首歌來反映情況，《聯合航空砸爛了我的吉他》由此誕生。卡羅爾以幽默的歌詞唱出了事情的經過，甚至還拍了一個情節有趣的MV。隨後，他把這個MV上傳到了社交網站YouTube上。

短短幾天之內，這個MV的點擊量便達到400萬次，獲得14000條評論，成為當時網上最紅的影片之一。在影片發布一週後，聯合航空的股價下跌了10%，1・8億美元市值憑空蒸發。2009年，美國《時代週刊》把這首歌列入當年的十大金曲，這就是消極高喚醒情緒的力量。

❸ 焦慮

焦慮也是一種典型的消極高喚醒情緒。現在有很多知識付費平臺喜歡打焦慮牌，目的是賣它們的付費課程產品。我對這種做法並不贊同，我個人認為，焦慮並不能透過聽課來緩解。如果一個人感到焦慮，愈聽課愈焦慮，甚至還有可能投訴平臺，說你虛假宣傳，並沒有緩解我的焦慮。

作為知識付費平臺，一定要確保客戶在聽課時能時刻保持愉快的心情。因為花錢聽課是客戶的權利，而不是他的義務。客戶之所以會在平臺上購買課程，並不是因為他被生活逼得走投無路，反倒是因為他對更高品質的生活充滿熱愛與嚮往，這是兩種完全不同的引導方向。

需要注意的是，利用消極情緒激發共用行為時，創業者也要事先做好相應準備，當心不良情緒惡性擴散。一旦事態發展超出你的可控範圍，很可能為你引來不必要的麻煩。

③積極低喚醒情緒

舒服、愜意、悠閒等都是典型的積極情緒，但是很少有人會為此轉發，它們屬於「積極低喚醒情緒」。比如，你今天中午吃了幾道特別美味的菜，情不自禁地拍照發了朋友圈。兩個小時之後你會發現，你的這條朋友圈可能有很多人點讚，但沒有一個人轉發。

我之前發過一條在海灘度假的朋友圈，拍了自己光著腳走在沙灘上的照片，並為其配了文字：「偷得浮生半日閒。」我以為即便沒人轉發，總會有很多人給我點讚吧？結果卻出乎我的意料。確實有不少人點讚，但更多的人在朋友圈下方留言說我腳太髒了，不應該入鏡破壞照片的整體美感。

④消極低喚醒情緒

悲傷、難過、疲憊、煩惱、厭倦等是典型的消極低喚醒情緒。像前文提到的，假如你家的寵物死了，你特別悲傷地發了一個朋友圈，大家肯定不會轉發。

每一個廣為流傳的產品，背後牽動的其實都是大眾情緒。只有弄明白情緒的奧祕，你才能知道品牌或產品要做的宣傳應該針對哪種情緒。只要情緒被點燃了，事兒就能傳開，而且風險很低。

讓客戶看在眼裡，記在心裡

中國有句老話，叫「眼見為實，耳聽為虛」，說的是大多數人都更願意相信親眼看見的事情，這個道理在傳播學上被稱為視覺化。影響品牌能否廣為傳播的因素有很多，視覺化是其中十分重要的一個。簡單而言，你必須讓自己的品牌能夠被大眾看見。

①視覺化（可視化）的品牌更容易傳播

為什麼很多大型企業都在研發手機？從傳統的家電企業格力、海爾，到網路新貴小米、360，它們為何都將手機視為企業布局的重要組成？原因之一就是手機的內容極易傳播。只要客戶使用手機，便很容易被他人看見，一傳十，十傳百，繼而掀起流行熱潮。

凡是能夠被看見的產品更容易流行，比如杯子。你知道光保溫杯這個品類的市場規模有多大嗎？2018年，全球不鏽鋼保溫杯的市場規模將近39億美元，中國市場占比超過一半，20多歲的年輕人是購買保溫杯的主力人群。為什麼杯子的市場這麼大？因為杯子的單價比較低，又容易被人看見，只要將杯子的外形設計得與眾不同，就會有人問：「這個杯子是從哪兒買的？」

這個道理反過來也成立：凡是看不見的產品就很難流行。當然，這並不意味著那些無法被人看見的產品就應舉旗投降，你完全可以使用各種辦法將你的產品視覺化，比如杜比（Dolby）實驗室。

杜比實驗室的主要產品是杜比降噪系統和杜比環繞聲系統等多項技術，這些產品對電影音響和家庭音響產生了巨大的影響。顯然，杜比實驗室的產品很難用肉眼看到，跟除甲醛的產品沒什麼區別。為了讓自己的產品擁有視覺化的傳播屬性，杜比實驗室煞費苦心地跟各大VCD、DVD、電影公司談判，宣稱對方如果想要使用杜比技術，就必須在片頭加上帶有杜比商標的宣傳短片，並且不可快轉。

大家不妨回想一下自己看過的那些DVD影片，是不是在影片開始時都能看到杜比的標誌？杜比實驗室成功地為不可視的音訊技術性產品附上了視覺化的視覺效果，讓大眾徹底記住了自己的品牌。

假如你有一個偉大的想法，想呼籲大家接受和包容愛滋病患者，可是這個想法原本不太可能成為大眾話題，大多數人對愛滋病還是持有恐懼和排斥的態度，那你該怎麼辦？答案還是視覺化——為你的想法配上一條紅絲帶。

20世紀80年代末，人們視愛滋病為一種可怕的疾病，愛滋病患者普遍會受到歧視。為了讓更多人尊重愛滋病病人的人權，以紐約畫家派屈克和攝影家艾倫為首的15名藝術家成立了一個叫做「視覺愛滋病」的組織，希望創造一種視覺象徵，讓人一看就能接受並願意主動傳播。

藝術家們選擇了代表生機、激情和鮮血的紅色作為絲帶的顏色，作為理解、關愛愛滋病患者的視覺標誌。此舉一出，在美國引起了巨大的轟動，在連續幾年的奧斯卡頒獎典禮上，幾乎所有明星都佩戴著紅絲帶。

此後，愈來愈多關注愛滋病的愛心組織、醫療機構、諮詢電話紛紛以「紅絲帶」命名，紅絲帶這個視覺象徵正式走向國際，以至於紅絲帶的締造者之一艾倫感嘆道：「我從來沒有想過，它（紅絲帶）會這麼流行。」

一條紅絲帶讓一個原本難以被廣泛傳播的公益主題成為在全世界都十分流行的大眾話題。Nike公司曾經推出的黃色矽膠手環，無疑和紅絲帶有著異曲同工之妙。

1996年9月，25歲的自行車運動員阿姆斯壯被確診患有睪丸癌，他頑強地戰勝了病魔，並在3年後的1999年奪得了環法自行車賽總冠軍。之後6年間，阿姆斯壯壟斷了環法自行車賽，成為歷史上第一位「環法六冠王」，也因此被人奉為自強不息的精神代表。

在2005年環法自行車賽開賽之前，美國Nike公司推出了500萬個黃色矽膠手環，上面印有阿姆斯壯的名言「活得堅強」（Live Strong，也可以翻譯為「精力充沛的斯壯」），每個售價1美元。這些手環很快售罄，就連後來趕製的600萬個也在比賽開始前全部售出。Nike公司對外宣布，將手環的所有銷售收入捐給阿姆斯壯基金會，以幫助癌症病人。

在環法自行車賽期間，成千上萬觀眾佩戴的黃色手環成為阿姆斯壯黃色領騎衫的象徵，也被某網站評選為年度十大最值得擁有之物。由於長期供不應求，eBay上手環的價格被炒到了原價的10倍以上，最終，Nike公司賣出了8500萬個黃色手環。

② 消費客戶的行為剩餘

電影明星和環法運動員原本就擁有比較高的大眾曝光度，他們身上佩戴著的紅絲帶或黃色手環也因此得到了更加廣泛的宣傳，這其實涉及了傳播學中的一個重要概念——公共性

（公共關係）。

人是典型的社會性動物，沒有人能脫離社會單獨存在。當客戶購買了你的產品之後，如果你能透過視覺化的方式，充分利用客戶的公共性特徵，便會無形之中增加品牌曝光的機會。我將這個過程稱為「消費客戶的行為剩餘」。其中最典型的例子就是運動服，幾乎所有運動服飾都會在它特別顯眼的地方展現出它的商標，以此利用客戶的行為剩餘。

在肯德基和麥當勞，打包袋是平底的紙袋子，上面還有提手。當你拎著兩面全是廣告的包裝袋走路時，一路上都在給它們做廣告；回到辦公室之後，因為這個包裝袋是有底的，你絕不會把它平攤在桌上，而會像看板一樣立著擺放，所有路過你座位的人，都能一眼看到它們的Logo，這就是在消費你的行為剩餘。

讀到這裡，你應該能夠明白公共性的基本原理，這也是樊登讀書未來發展的一大瓶頸。我們一直在進行各種視覺化嘗試，比如我們在定製的T恤上面印了樊登讀書的口號：Keep Learning（持續學習）。平時你不知道誰是樊登讀書的會員，但只要他一穿上這件衣服，就從隱形的會員變成了可見的會員。只要有人願意穿我們的T恤，就等於有人願意幫助樊登讀書進行品牌傳播。但是，這種方法的傳播效果依然十分有限，因為我們沒有辦法透過一件T恤讓人很直觀地看出讀書的好處。如果你能為樊登讀書想到更好的視覺化辦法，歡迎與我們分享。

③管理不可視，只有品牌可視

我們曾有個會員是做卡拉OK運營的，他手下有著經驗豐富的管理團隊，但他從來不做自己的品牌，只是默默地替品牌方進行管理，收取管理費用。這種團隊的抗風險能力很差，一旦品牌方決定毀約、取消你的管理資格，你毫無反擊的能力。原因何在？這是因為管理本身不可視，只有品牌可視。客戶認的是酒店或卡拉OK的招牌，而不是領班。即便徹底更換了一支管理團隊，在短期內也不會對業績產生過大的影響，這就是品牌方底氣的來源。

我建議大家，如果想投身於這些領域，一定要像如家、漢庭那樣，做一個屬於自己的品牌，讓客戶能夠看在眼裡、記在心裡。你可以從外邊拉投資，也可以聘請成熟的管理團隊，但有一點絕不能放棄，那就是品牌。

用故事打敗「知識的詛咒」

懶惰是人類的天性之一，「世界是懶人創造的」，這句話說得很對。為了省力移動，人類發明了車輪，由此有了馬車、汽車；為了滿足懶人不做飯、不洗碗的願望，最早的餐廳、飯館便有了用武之地。同樣，為了偷懶，人的大腦天然地對邏輯、規律、原理之類的理性思維十分排斥，這些東西聽起來都十分費勁，理解起來自然更累。而故事這種完全不需要動腦就能聽懂，還能從中受到啟發的感性表達則頗受人們喜愛。

舉兩個非常簡單的例子。很多人都聽過《荷馬史詩》中「特洛伊木馬」的故事，小亞細亞古城特洛伊的王子帕里斯愛上了斯巴達美女海倫，並將她帶回了特洛伊。海倫的丈夫、斯巴達國王墨涅拉俄斯邀集希臘其他城邦，在邁錫尼王阿加曼農的統率下，率領強大的艦隊追到特洛伊，圍城攻打了10年之久。故事最後引出了希臘聯軍巧施的「木馬計」。特洛伊戰爭這一版本的故事廣為流傳，但同樣記載歷史的《世界史》一書卻聞者寥寥，這是因為美女英雄的故事人們更愛聽。

另一個例子是在無人不知的《西遊記》中。「孫悟空三打白骨精」的故事你肯定耳熟能詳，但說起吳承恩的《西遊記》原著，卻未必有多少人完整地讀過，章回體小說讀起來確實挺費腦的。

人們在故事裡感受情節、體會情緒、遇見自己未知的期待，也在其中發現人生經驗。這種「只可意會，不可言傳」的領悟，正是故事廣為流傳的原因——人們總是將自己領會的東西稱為經驗，而對他人的忠告默認設置了忽略操作。所以，如果你想說服客戶卻總是不得要領，不妨先講個故事試試。

①好的故事，能單手打敗「知識的詛咒」

十幾年前，有位前同事跑來找我，說：「我現在做的是信誠人壽，你買份保險吧？」此前，我並沒有聽說過他說的這家保險公司，便跟他說：「我確實打算再買一份商業保險，但為什麼要買信誠人壽的？這家公司我聽都沒有聽過。」

前同事可能經常聽到此類問題，頗有些習以為常。他笑著跟我說：「您沒有聽過信誠人壽不要緊，您聽說過第二次世界大戰（後文簡稱為「二戰」）嗎？」

誰沒聽說過二戰呀？我不僅聽過，還對二戰的歷史相當感興趣，經常看此類史書。於是，我趕緊點頭說：「二戰我肯定聽過，但這和信誠人壽有什麼關係？」

前同事一臉神秘地告訴我：「信誠人壽剛進入中國不久，知道的人確實不多。但它的母公司叫保誠保險，是英國最大的保險公司，在二戰中，英國士兵的死亡賠付都是保誠全額理賠的，大概有11萬件。」

我一聽他說的這些話，隨即對他豎起大拇指，說：「那確實挺牛的。」前同事更來勁了，接著問：「不僅如此，鐵達尼號您聽說過嗎？」我已經習慣了他的模式，便問道：「我當然聽過，又是保誠賠的嗎？」前同事很自豪地點了點頭，說了一個字：「對！」

我拍了拍他的肩膀，告訴他：「什麼也不用說了，給我來一份吧。」

由於信誠人壽進入中國的時間比較晚，我確實在此之前沒有聽說過，下意識地認為其知名度不高，對它的產品便不太感興趣，這就是我的「知識的詛咒」。可是，這位前同事只用了三言兩語就讓我決定購買，打破了「知識的詛咒」，靠的便是故事的力量。

②創業者講故事，容易引發大量的話題傳播

樊登讀書能夠實現高速增長，其實也與故事有著很大關係。很多老會員在發展新會員

時，往往都會跟對方講我的故事。不僅如此，他們還經常講自己加入樊登讀書之後發生的事情。

有一名老會員在聽了我講的創業課之後，毅然決然地走上了創業的道路，現在已經在當地企業家圈子裡小有名氣。她曾無數次跟人分享自己的創業經歷，說自己文化水準不高，沒有讀過幾年書，小時候不管聽哪位老師講課都會打瞌睡，只有聽樊登老師講課時全神貫注，並且真的學到了很多有用的創業方法和技巧。

一位朋友在聽了她的故事之後，覺得加入樊登讀書確實讓她發生了很大的變化，於是也加入了我們的隊伍，成為樊登讀書的一名分會會長，表現極為活躍。

支配一個好故事的從來都不是情節，而是催動情節發生的、能夠讓別人產生共鳴的本性與願景。就像每個人都有獨特的人生劇本，你我身在其中，既遙遙相對，亦能惺惺相惜。

沒有什麼比一個好故事更能打動人心，在情節敘述中加入細節可以讓故事更加生動，用你的感情去打動聽眾，可以將商業資訊嵌入故事當中，傳遞自己的品牌思想、語言、資訊或者結論。一個完整豐滿的好故事，往往比20頁PPT更有說服力。

說到這裡，我需要提醒一下大家，所有的故事都是敘事，但並不是所有的敘事都是故事。零散片段的堆砌、公司層級的制度展示、公司大事記、被動的流水帳等都不是故事，因為它們沒有完整的情節，無法令人印象深刻。我見過特別多不會講故事的創業者，他們其實有很多好的想法，但是因為品牌故事說得讓人莫名其妙，最終折戟沉沙，令人歎惜。

③好故事是設計出來的

不會講故事怎麼辦？沒關係，只要你願意學習就行。我給大家推薦一本書，叫《故事經濟學（故事行銷聖經：好萊塢編劇教父在反廣告時代最關鍵的指引〈繁中版〉）》，作者是劇作家、被譽為「編劇教父」的羅伯特・麥基和內容行銷專家湯瑪斯・格雷斯。這本書集結了羅伯特・麥基30年的授課經驗和湯瑪斯・格雷斯的商業研究，以「一場商業戰略就是一個等待發生的故事」為核心，告訴你好故事其實是可以透過下面的步驟設計出來的。

❶目標受眾

在講故事之前，你必須先想清楚受眾是誰，這個故事將對你的目標受眾產生怎樣的影響。

❷ 主題（背景設定）

包括社會背景、主要人物以及核心價值。其中核心價值將體現故事的意義，常表現為主要事件變化的兩端：愛或恨、忠誠或背叛、生存或死亡、道德或不道德、希望或絕望、正義或不公，諸如此類。

❸ 激勵事件（導火線）

指打破主人公生活平衡的直接事件，該事件的發生拉開整個故事的帷幕，比如白雪公主被逼出逃這件事，打破了白雪公主的正常生活，引出後續的一連串故事。

❹ 欲望對象

指主人公為了找回生活重心而產生的目標。包括內在目標與外在目標，內在目標就是故事的內在追求，比如正義必將戰勝邪惡等；外在目標是主人公給自己定的目標，比如獲得一筆獎賞等。

❺ 第一個行動

主人公開始採取怎樣的行動，指的是他在確定欲望對象之後的第一個行動，至少看起來在向欲望對象推進。

❻ 第一個回饋

這個回饋往往是負面的，它突然擊碎了主人公的期望。

❼ 危機下的抉擇

這時，主人公置身更大的危機之中，不僅沒有得到欲望物件，反而快要失去它了。他會從第一個回饋中得到教訓，帶著洞察力重整旗鼓，準備展開第二個行動。第二個行動往往比第一個行動更加困難，且面臨的風險更大。為此，主人公不得不孤注一擲。

❽ 高潮回饋

主人公的第二個行動引發滿足受眾期望的高潮回饋，令主人公得到或失去欲望物件。這一事件也令他的生活重新歸於平靜。換句話說，在故事結束時，內在目標必然已經達成，而外在目標是否達成已經不再重要。

以上八個要點共同構成一個通常意義上的好故事。需要提醒大家的是，不是所有打動人心的故事都必須包含這八個要點，有時，其中的一些要點已經內置在目標受眾的腦海中，不需要多加贅述。比方說保誠保險的故事，大家都知道二戰給世界人民帶來了巨大的創傷，這一點不用多說，你只需要用一句話說出故事的高潮就行——二戰中英國士兵的賠付是由保誠保險完成的，剩下的盡在不言中。

第七章

打造指數級增長的引擎

未來所有的公司都會是指數型增長的公司，加入其中便意味著擁有了未來。而如果你的公司一直處於線性增長的發展模式中，到最後你會發現，成本永遠比你的收入增加得更快，風險係數也會水漲船高。

學會用冪次法則思考

我們驚嘆於小米的迅速崛起和阿里帝國的快速擴張，也好奇是什麼讓谷歌在波詭雲譎的競爭市場裡始終走得穩健從容。其實，不管是小米、阿里還是谷歌，它們的成功都離不開冪次法則的作用。

世界500強一直以來都是企業界的風向球指標。在1920年，世界500強企業的平均壽命是67歲；到了2019年，世界500強企業變得愈來愈年輕，平均壽命只有12歲。這就意味著那些曾經的老牌大公司逐漸被新興公司取代，其間的根本原因就在於傳統的線性思維被冪次法則打得一敗塗地。

①從線性思維到冪次法則的轉變

很多人對冪次法則並不陌生，卻把冪次法則簡單地理解為二八定律，實際上，冪次法則的意義遠不止於此。下面這個例子應該能夠讓你對冪次法則有一個更加深入的理解。

「如果我把一張紙對折50次，大家猜猜這張紙最後的厚度大概是多少？」這個問題我問過很多人，而他們的答案往往是：「不會高過10米吧」、「有沒有東方明珠電視塔那麼高」……事實上，如果將一張紙對折50次，它的厚度會遠遠超過地球到月球的距離。

答案是不是挺讓人震驚？其實這只是一個簡單的數學計算。我們不妨算一下，一張紙的厚度是0.08毫米，對折就是厚度乘以2，再對折就是乘以2^2，對折50次也就是乘以2^{50}。一張紙對折50次的厚度為90072萬公里，地球到月球的距離約為38萬公里。

大家對比一下這兩個數字，一張紙對折50次的厚度是不是遠遠超過地球到月球的距離？這就是冪次法則。

人類幾千年的歷史發展軌跡都是線性的，但由於技術和思維方式的改變，世界的變化不再是20％、40％、60％這樣的線性增長，而是平方、四次方、八次方這樣的冪次上升。近年來，不斷有行業巨頭被取代、新興互聯網公司在崛起，這背後正體現了從線性思維到冪次法則的轉變。

在20世紀80年代早期，手機既笨重又昂貴，世界著名的諮詢公司麥肯錫曾做過這樣的預測：2000年之前，行動電話的使用量不會超過100萬部。基於這個預測，麥肯錫建議美國電話與電報公司（AT&T公司）不要進入行動電話行業。

後來出現的事情打了麥肯錫公司一個響亮的耳光：2000年時，在世界上使用手機的人數達到了一億，麥肯錫的預測出現了99％的差錯，這也導致美國電話與電報公司錯失了資訊時代最重要的發展機會。

無獨有偶，3D列印、生物技術等領域都發生過類似謬以千里的預測。歸根結柢，不過是這些領域的專家總是以線性思維進行推測，毫不顧及資訊化產業冪次增長的現實。諾基亞公司和谷歌公司的命運正是對這一現象最好的詮釋。

諾基亞公司在其如日中天的時候，就曾預測未來是智慧手機的天下，並且認為手機行業的競爭焦點會發生在電子地圖領域。為了能在未來的競爭中掌握主動權，諾基亞公司提前布局，斥資81億美元收購了當時最好的地圖公司——NAVTEQ。NAVTEQ耗費巨大財力在街道兩邊埋了大量感測器，以獲取街道資訊。

諾基亞公司的競爭對手谷歌公司對未來也有著同樣的預測，它的做法是以11億美元買下了一家毫不起眼的地圖界小公司Waze。Waze的策略是利用其用戶手機上的GPS感測器來獲取交通資訊。由於手機用戶數量的暴增，在短短兩年內，Waze的交通資料量就趕上了NAVTEQ，四年之後更是達到了NAVTEQ的10倍以上，但成本卻基本為零。

諾基亞公司和谷歌公司的出發點大致相同，但付出的代價卻很懸殊。不僅如此，諾基亞公司在收購了電子地圖公司後，還需要生產和埋下更多的感測器，而谷歌公司收購Waze後，幾乎沒有支付任何後續成本，就收集了全世界的地圖資訊，這才有了後來以精準著稱的谷歌地圖。

諾基亞公司和谷歌公司針鋒相對的背後，其實就是線性思維和冪次法則的較量。諾基亞公司的線性思維是：先買下一項實際的「資產」，以此尋求企業步步為營的發展；而谷歌公司的冪次法則是：藉助用戶智慧手機的更新換代，跳過GPS的升級需求，以此實現跳躍式發展。

②第一次發展的結果，會成為下一次發展的基礎

決定冪次法則出現的根本原理是什麼？第一次發展的結果會成為下一次發展的基礎。比如赫赫有名的摩爾定律：當價格不變時，積體電路上可容納的元器件的數目，約每隔18至24

個月，便會增加一倍，性能也將提升一倍。換句話說，同樣的花費可享受的電腦性能，將每隔18至24個月翻一倍，性能提升呈現明顯的冪次增長態勢。

為什麼每隔18至24個月，元器件的尺寸就會小一半、積體電路的容量就會大一倍？因為第一代元器件被用來研究第二代更小的元器件，第二代更小的元器件又被用來研究第三代再小一半的元器件，只要符合這個特徵，就能夠出現冪次法則。

現在你明白為什麼華倫・巴菲特的年化投資報酬率只有23・5％，卻能成為舉世聞名的股神了吧？對，從1957年開始，他的年化投資報酬率確實只有23・5％，但這一數字迄今已保持了60多年，每年增加的財富都能成為他下一次投資的基礎。正因如此，巴菲特將冪次法則稱為世界上最可怕的力量。當然，他說的是投資界的術語「複利」，其實和冪次法則是一個道理。

我之所以會花這麼大的篇幅來詮釋冪次法則，是因為沒有它就沒有本章的主題——創業組織的指數型增長。所謂指數型增長，就是冪次法則在創業過程中的具體體現。

③指數型增長的三大底層理論

一家公司的線性增長公式是：Y（業績）＝N（內在變數）×X（外在變數）。如果想讓這樣的公司快速增長，你要做的是將變數的數值提升，要嘛投入更多外部資源，比如購買一條新的生產線，或者引進一批新員工；要嘛提升員工的工作積極性，從5（每週工作5天）×8（一天工作8小時）的工作時間變為6×12，乃至更多。2019年春節前，我還聽說杭州的有贊公司在員工中推行了「996工作制（早上9點上班，晚上9點下班，每週工作6天，也就是此前提到的6×12）」，且不說是否符合國家的相關規定，單說透過強制手段讓員工超長時間工作，這一點我就不太贊同。好員工是長出來的，而不是逼出來的，強摘的瓜從來甜不了，你要學會讓員工自發奔跑。

指數型增長的公司則完全不同，它的增長公式是：Y（業績）＝N^X（N、X均為變數），也就是冪次法則的具體體現。創業者如果想讓自己的公司出現指數型增長，就得花心思在變數上下功夫。我總結了以下三大理論，希望能切實地幫到創業者朋友們。

❶「偏好連結」理論

網際網路具有無尺度網路化的特徵，大部分節點只與少數超級節點相連。為什麼所有網路公司都在追求成為各行各業的頭部公司？因為頭部公司會帶來「偏好連結」，進而產生愈來愈多的連結，最後形成「馬太效應（指強者愈強、弱者愈弱的現象）」。

根據偏好連結的理論，我們可以得出這樣的結論：「成為頭部」是當下網路創業的唯一選擇。指數型增長是最重要的事情，只有讓你的企業出現指數型增長，你才能獲取更多的偏好連結，進而形成正向循環。

❷「想法流」理論

什麼叫想法流？它指的是人們會在潛移默化中受到其他人的影響。一旦強大的資訊素被釋放出來，大多數人都會莫名其妙地認同同一件事情。在社會心理學的理論中，這種現象被稱為「集體潛意識」。

邏輯思維、喜馬拉雅和樊登讀書都是知識付費領域的佼佼者。因此，我經常在各種場合被問及這樣的問題：「樊登讀書和邏輯思維是不是競爭對手？」、「你們跟喜馬拉雅是不是打得熱火朝天？」

每當遇上這樣的問題，我都會笑著回答：「我和邏輯思維、喜馬拉雅根本不是競爭對手。事實上，我們是在共同打造一股『想法流』，讓所有人都覺得透過手機來學習這件事兒很值得信任。我們所對抗的不是彼此，而是王者榮耀、英雄聯盟、絕地求生這些和我們搶占使用者時間的產品，那才是我們共同的對手。」

如何形成自己的頭部優勢？就是要獲得當前最強大的想法流的支持，並最終形成自己的想法流，從而實現指數型增長。

❸「能力—觸達—意願」理論

如何才能影響他人的行為決策？這裡涉及一個特別重要的理論，叫「能力—觸達—意願」，三者缺一不可。

打個比方，有人給你打了電話，但是你一直沒有接。一般來說，出現這種情況，可能有以下3種原因。

從能力角度出發——雖然我聽到手機在響，但就是找不到，忘記把它放在哪裡了。

從觸達角度出發——我把手機調成了靜音模式，雖然有人打電話給我，但我並沒有聽見，也就是這個來電資訊沒有觸達我。

從意願角度出發——一看來電提示，就知道對方是房產仲介或詐騙電話，我不太想接。

如果你想為公司設計一條指數型的增長道路，一定要從以上3個角度不斷優化。在能力層面上，你需要不斷降低產品的使用門檻，讓更多客戶能夠用上你的產品；在觸達層面上，你需要想辦法連接更多的客戶，讓客戶為你帶來新的客戶，也就是前一章的主題——MGM；而在意願層面上，你要設定一個宏大的變革目標（MTP），不斷增強公司的想法流，讓更多的客戶認同你的理念，願意主動參與到你做的這件事情中來。

當你做到了以上3點，你的企業便擁有了指數型增長的根骨和潛質，接下來要做的事便是潛心修練內功（邊際成本為零）和外功（撬動「槓桿資源」）。有了這兩大絕世武功保駕護航，企業將很快實現指數型增長的目標，在高手林立的現代企業競爭中擁有一席之地。

讓邊際成本為零的運營方法

邊際成本這個詞是一個「舶來品」，在西方經濟學理念中，邊際成本指的是每一單位新增生產的產品（或者購買的產品）帶來的總成本的增量。聽起來比較複雜，說白了就是每增加一個使用者所需要支付的成本，這是決定創業能否成功非常關鍵的一個因素。

①邊際成本高的企業，很難出現指數型增長

要想實現指數型增長，創業者需要儘量降低企業的邊際成本，直至為零。如果一門生意的邊際成本一直居高不下，那它更適合走家庭工作坊路線，而不是企業化運營。正如全世界最貴的馬鞭就產於馬來西亞的一家家庭作坊式馬鞭廠。

這家馬鞭廠的所有員工就是廠長一家人，屬於標準的家庭工作坊。製作馬鞭的所有工序都由人工完成，選取的也是世界最頂級的原材料。如果你想買一條他們的馬鞭，需要提前三年預訂，售價約合人民幣4萬元，號稱全世界最貴的馬鞭。如此高的單價，這家馬鞭廠的底氣何來？

原來，馬鞭最主要的需求方是馬球愛好者，而馬球屬於貴族運動，一個打馬球的運動員一年的花費最少也要1000萬，比F1方程式賽車更費錢。不是富家子弟壓根兒玩不起馬球。這就意味著，這家馬鞭廠的客戶全是世界頂級富豪和貴族。想要獲取一名這樣的客戶，就需要進入他們的社交圈，付出的邊際成本自然十分高昂。為了保持盈利，這家人也只能將產品的賣點放在全手工製作、匠心雕琢上，以品質和控制產量的方式，為他們的馬鞭賦予更高的品牌溢價。

世界頂級汽車品牌賓利走的也是這樣的模式。從1919年第一輛汽車誕生之日起，賓利雖歷經百年時間的洗禮，卻仍保持著手工精製的傳統，人為地將邊際成本提高，這也是賓利反脆弱的祕密所在。

與現代化汽車生產流水線相比，賓利的生產線每分鐘只移動6英寸（約15．24公分），每輛車要花上16~20個星期才能完成。精工細作確實為賓利帶來了充分的議價權，但這種生產模式的不足之處同樣十分明顯，較低的產量意味著賓利的市場空間十分有限，無法出現指數型增長。

諮詢公司也是如此。在諮詢行業內，很少有企業能成為上市公司，原因何在？還是邊際成本。諮詢行業是一個邊際成本非常高的行業，每獲得一個新客戶，諮詢公司都需要耗費大量的人力、物力和財力，就連為同一客戶提供二次服務的成本也同樣十分高昂。

又如中餐館，它的最大邊際成本在於裝修，大多數中餐館在經營期間都會裝修數次，每次花費都不低。反觀麥當勞、必勝客等西方餐飲集團，它們的門店一旦正式投入營運，就基本上不會再次裝修，因為它們在開店之初就會裝修到位，充分考慮邊際成本的因素。

②指數型增長組織的共同特徵：只運營資訊

我為什麼特別重視用網路講課這件事？原因就在於無論獲取多少新客戶，成本都不會增加，也就是邊際成本趨近於零。

樊登讀書的產品是各種形式的解讀書摘，包括音訊、影片等形式。不論是給10個人聽，還是給10萬人聽，生產花費的時間、人力和物力是一樣的。而且，基於網路的知識服務，人們隨時隨地都可以使用，沒有地理位置和人數的限制。

這樣一來，不僅讓我比較輕鬆，也讓代理商們十分高興。要知道，代理商最喜歡的產品就是邊際成本為零的產品。代理這種產品時，他們不需要倉庫，產品不會過期，也沒有物流的支出和麻煩，要做的唯一一件事，就是想辦法把它賣出去。

有比較才有優劣，再來看看傳統的培訓講課模式。很多人都參加過各種培訓，一般都是一個老師在上面講，百八十個學員在下邊聽。由於場地和聽課效果的限制，每個班的人數都有上限，不可能無限招生。但是，老師的時間是有限的。一門課短則兩三天，長則一個星期，再加上來回路途中花費的時間，一個非常勤奮的培訓老師，一個月最多也就能講四五次課，這還是將日程排得很滿的情況下才能實現。學生有上限就意味著培訓的收入有上限，老師的時間成本卻很高，這就導致培訓業的邊際成本降不下來。

為什麼網路講課能讓邊際成本趨近為零，而傳統培訓卻無法做到？最大的祕密在於網路講課運營的是資訊，而不是實體課程。所有的指數型組織都有一個共同的特徵，就是只運營資訊。人們常說的「網際網路＋」，實際上就是透過這種模式，將邊際成本高的傳統行業變成邊際成本為零的互聯網行業。

外賣行業古已有之，過去經常有人會去大酒樓訂個酒席餐點，約定什麼時間送到什麼地點。由於酒樓的廚師和跑腿的夥計都是有限的，用餐時段時更是忙不過來，這就限制了可接外賣訂單的數量。如果酒樓打算擴大外賣業務，就得招新的廚師和夥計，人力成本會直線上升。然而，點外賣的客人卻不是固定的，很容易出現業務不飽和的情況。一旦招了新廚師和夥計，卻沒人點外賣，酒樓就會承受巨大的損失，這也是傳統餐廳不太喜歡外賣的原因所在。

所幸，現在有了網際網路。在資訊技術的加持下，美團、餓了麼等網路公司透過運營資訊的方式，將外賣業的邊際成本大大壓縮，徹底改變了外賣的行業格局。車手是外包的，飯館是外包的，就連各種考評和培訓也都可以外包，美團和餓了麼唯一運營的就是派單，透過平臺上的大量資訊盈利，讓邊際成本無限趨近於零。

美團和餓了麼這些網路外賣企業能夠在極短的時間裡覆蓋全中國，成為指數型企業，最重要的原因就在於它們只運營資訊，將絕大部分精力用於維護用戶和商家的平臺系統，邊際成本自然能夠大幅度降低。

讀到這裡，我相信你們已經找到讓企業出現指數型增長的法門。連餐飲這種古老的行業都可以透過行動網路找到邊際成本更低的運營模式，其他行業肯定也有這樣的改造空間。只要你能想辦法將傳統企業慢慢轉變為只運營資訊的網際網路企業，讓邊際成本可控，就有機會以較低的風險實現企業的指數型增長。

學會撬動「槓桿資源」

在企業追求指數型增長的道路上，槓桿資源是和邊際成本同樣重要的關鍵點。線性思維和冪次法則的一大區別，是對「擁有」這個詞的理解完全不同——線性思維強調「自己有才是真的有」，而冪次法則更看重「槓桿資源」。即便某些資源是當前你的企業並不具備的，你同樣可以想辦法尋找到一個大家都能接受的支點，用槓桿撬動市場上的閒置資源，讓其他資源的擁有者願意跟你一起幹。

①社會上存在大量的閒置資源

槓桿資源的概念脫胎於美國人羅賓・蔡斯在《共用經濟：重構未來商業新模式（共享型企業：同儕力量的覺醒與效應〈繁中版〉）》一書中提到的閒置資源。羅賓・蔡斯是《時代週刊》選出的「全球最具影響力的100人」之一，她的很多觀念都與我不謀而合。

在她看來，世界上之所以會出現共用經濟，是因為社會上存在很多未被合理使用的閒置資源。什麼是閒置資源？假如你有一輛汽車，卻因為各種原因長期不開，那它就是一個閒置資源；如果這輛車只有你一個人開，剩下的四個座位長期空閒，那這四個座位也同樣是閒置資源。

槓桿資源是我在剛創立樊登讀書時就十分關注的發展方向，我們的大量新增用戶都是既有付費用戶的親朋好友。目前，用戶年齡主要集中在25～45歲，70%以上是女性用戶，很多用戶對家庭、事業以及自我修養都有追求，有很多夫妻會一起付費加入，是名副其實的學習型家庭。

各城市分會也是樊登讀書快速發展的中堅力量，我們在全球擁有3000多個分會，分會因地制宜，自主引導會員參與各種線下實體和線上活動。在國外，也有很多人成為我們的代理商，洛杉磯分會有1000多名會員，新加坡分會有2000多名會員，日本有東京分會、大阪分會、關西分會等，加拿大分會、英國分會和德國分會也都成立了，這些都是我們的槓桿資源。

此外，樊登讀書還撬動了大量的企業資源，我們有近300家行業分會或企業分會，這些企業一邊組織員工跟我讀書，一邊也會作為合作夥伴推廣我們的品牌。

樊登讀書的發展速度其實已經有些超出我自己的想像。尤其是近幾年，一個月的新增用戶數就能達到100萬左右，趕上創業前兩年的總額了。這些用戶是哪裡來的？說句良心話，我個人在其中的作用和影響十分有限，大多數都是透過各種「槓桿資源」撬動而來。

②尋找合適的「槓桿」，撬動閒置資源

樊登讀書並沒有自己的教室，但是我們可以透過平臺讓使用者和分會自己組織讀書活動；滴滴並沒有自己的車，但是它可以透過平臺讓全中國的車為它賺錢；Airbnb 並沒有自己的房間，但它可以透過平臺讓家家戶戶把多餘的房間貢獻出來。創業者如果能找到合適的槓桿來撬動這些閒置資源，如有形資產、技術、網路、設備、資料、經驗和流程等，就能降低

原料的邊際成本，同時省去管理資產的麻煩，使公司在各個方面保持靈活性，走上指數型增長的道路。

最近，我又聽說了一個快速崛起的酒店品牌，名字叫OYO。這個來自印度的經濟型酒店品牌僅僅用了一年多一點的時間，就已將店開至中國292個城市，其中多為三四線城市。2018年7月，OYO在中國的酒店數量不過500家左右，到了2019年2月底，這個數字就變為了7000多家，呈現出明顯的指數型增長勢頭，在酒店業刮起了一陣OYO颶風。

OYO始創於2013年，他們瞄準的閒置資源是印度大量的中小型酒店，這些酒店大多擁有30～50間客房，入住率不足40%，這便意味著剩下的60%的客房長期處於閒置狀態。為了撬動這些閒置客房，他們使用了特許經營、委託管理以及租賃經營等槓桿模式，整合了印度大量中小型酒店的資源。

手握客房資源之後，OYO與繽客、MakeMyTrip等酒店預訂平臺合作，為這些平臺帶來了大批的流量，OYO也一舉成名。在印度市場試水成功後，OYO將擴張的觸角伸到了英國、馬來西亞、尼泊爾。當然，還有中國這個世界最大的市場。

模式的成功很快吸引了軟銀的目光，孫正義為OYO提供了10億美元的融資，其中6億美元主要投向了中國。在獲得資本的助推後，OYO幾乎以一種碾壓式的前進速度切入了中國酒店業的大市場。進入中國一年後，OYO的酒店數量已經超過了之前五年在印度發展的酒店總數。

反觀中國本土的知名酒店，老牌酒店首旅如家、鉑濤、華住、99旅館、速8等大多不溫不火，尚美生活集團AA room、融資到B輪的千嶼、美團的美團酒店、攜程的麗呈酒店發展得也不太順利，有的甚至已於2018年下半年叫停。

在這種競爭格局下，OYO提出了一句很值得玩味的話：「要讓那些從來沒有住過酒店的人住酒店，讓那些沒有住過連鎖酒店的人選擇OYO酒店，做中國三、四、五、六線，甚至七線城市的生意。」

OYO指數型增長背後的邏輯到底是什麼？我在進行了比較深入的研究和思考之後，得出了兩大結論。第一，OYO透過運營平臺資訊的槓桿，撬動了大量酒店的閒置客房資源，讓酒店獲得遠高於過去的入住率，收入和利潤自然相應增長；第二，OYO不向酒店收取加盟費，改造成本也很低，很多酒店花上幾萬元或十幾萬元就能完成改造，兩週後重新開業。

有些小酒店業主的改造成本甚至是零，且所需資金全由ＯＹＯ酒店支付，當然，抽傭模式肯定和自己出資有所不同。

可能有朋友會問：「樊登老師，你說了半天撬動『槓桿資源』的好處，到底怎樣才能撬動『槓桿資源』呢？」別急，我其實在前文就透露過答案——ＭＴＰ，宏大的變革目標。用你的夢想去感召更多的人，說服他們跟你一起實踐這個夢想。

樊登讀書每星期在全國各地舉行上百場讀書活動。有許多咖啡館和書店為我們提供活動場所，讓大家一起讀書學習。這些書店和咖啡館都不是樊登讀書的資產，只是被「用讀書改變中國」的宏大目標吸引，變成樊登讀書的「槓桿資源」，參與到企業的運作中來。

各位千萬不可小覷ＭＴＰ的力量。在宏大的變革目標之下，不僅每位員工都會感覺企業與自己有關，社會中的其他人也願意為企業提供更多的「槓桿資源」，企業便會獲得無限的生命力和活力，最終實現自己的宏大願景。即便最終難以實現，也會大大提升企業的運營水準。如果有朋友對此還有疑問，不妨翻回本書的第二章，重溫一下ＭＴＰ的重要性吧。

③機制決定了撬動「槓桿資源」的速度

指數型增長追求的是極速裂變，但裂變的核心在於機制。總有人問我：「樊登老師，你們的分會是怎麼做的？別的品牌在招商時一般都特別慢，你們在極短時間內，就做到了現在的3000多個分會，有什麼獨家祕方嗎？」祕方確實有，就是「機制」。

我到國外經常會遇到有人跟我打招呼，說：「Hi，我是你們的會員。」問題是有些國家我是第一次去，也不認識這裡的會長。這些分會是從何而來的？在背後起作用的，其實就是機制。

我為樊登讀書設計的機制，是把發展分會的權力交給大分會。如果所有新的分會都要透過總部來授權，管道部的小夥伴們根本忙不過來。他們的人和資源都是有限的，也無法觸及那麼多沒去過的城市。

需要澄清一下，機制並不是我的獨家祕方，星巴克、喜家德都是這麼做的。

星巴克的人力資源規範裡有一條這樣的規定：一個店長要想被提拔成社區經理，需要為所在門店至少培養出兩位新店長。如果沒有培養出新的店長，便沒有資格提升為社區經理。

我曾聽說過這樣一件事，某店長由於長期未被提拔成社區經理而憤憤不平，他向高層領導反映：「沒有培養出店長又不是我的錯，店裡員工素質太差，根本培養不出來。我管理水準這麼高，為什麼僅僅讓我做個店長？」

收到他的意見後，星巴克的高層領導很快給出了答覆：「你確實才能出眾，只要你離開門店去做社區經理，這家門店就無法正常運轉，因此你的才能只適合做這家門店的店長。」

這就是星巴克快速裂變的機制，用強制手段為企業培養優秀的管理人才，進而讓企業實現指數型增長。喜家德的創始人高建峰經常和我聊天，他汲取了樊登讀書和星巴克的快速發展經驗後如獲至寶。回去後，他琢磨出了一套類似的機制，取名叫「358股權模式」，這個模式的效果十分明顯，很快便在全國裂變出500家門店，年營業額達20個億。

為什麼叫「358股權模式」？這是因為3、5、8是這套股權模式中的三個關鍵數位。

❶ 3%：激勵員工

員工不用出錢，就可以享受門店3%的股份分紅。

❷ 5%：激勵店長

門店店長每培養出一個新員工去開新店，就可以在新店入股5%。老店長只有培養出更多的人才，才可以獲得更多的股份。

❸ 8%：給5%的基數加了係數

當老店長在5家店擁有5%的股份後，可以現金入股8%；在5家店擁有8%的股份後，可以擁有店面20%的股份，即從第11家店之後，可以擁有單店20%的股份。

不知各位是否注意到，喜家德的裂變機制不是一成不變的，而是加了係數，用爬坡式的裂變機制，激發店長帶新人的動力，同時解決了擴張規模和培養管理人才這兩個最困擾廣大創業者朋友的問題。

不管大家從事何種行業，到最後都會發現最困擾你的不是資源，因為資源都可以透過槓桿撬動。你最欠缺的是優秀的管理人才，是裂變出來的各個分店的店長。你的當務之急，是創造一個最合適的機制，讓人才能夠自行成長起來，這決定了企業能否最終實現指數型增長。

④管理槓桿資源的關鍵在於支點

OYO無疑是共用經濟中一個很好的案例，透過它你會發現，任何一個指數型組織最重要的東西都不是實體資源，而是資訊、品牌、技術、資料、智慧財產權等核心資源，這些可以統稱為IP，它是你撬動槓桿資源的祕密所在，我將其稱為支點。只要你能將這個支點牢牢握在手中，撬動再多的槓桿資源、發展再多的經銷商和加盟商都不必恐慌，因為他們離不開你的IP。

我在進行公共關係研究時，發現了一本好書，叫*Feeding the Media Beast：An Easy Recipe for Great Publicity*，主書名翻譯過來是《餵飽媒體的怪獸》。但是中國國內出版時，把書名定為《媒體公關12法則》，我只看過英文版，如果有感興趣的朋友，不妨去找來看看。書中的一個觀點和我產生了較強的共鳴：「媒體就像一隻怪獸，每天都要吃草料。如果你不給怪獸草料吃，它就會吃掉你。同樣，如果你不給媒體提供好的消息，它們就有可能反過來說你的壞消息。」

媒體是這樣，槓桿資源也是如此。如果你不能持續滿足槓桿資源的胃口，他們很容易就會投入競爭對手的懷抱。中國有句老話叫「有奶便是娘」，說的就是這個道理。

滴滴和快的在競爭初期，走的都是「燒錢」路線，一邊透過補貼讓用戶產生較強的黏著度，另一邊也在補貼司機，防止他們「倒戈」。情況在什麼時候發生了變化呢？自然是滴滴和快的合併的時候。此後的共用汽車市場中，滴滴一家獨大，並成功地將優步趕出了中國市場。滴滴擁有了自己獨一無二的支點，即便日後逐漸降低補貼的力度，也沒有影響前進的腳步。

撬動槓桿資源的核心關鍵點，在於你的IP。好鋼要用在刀刃上，創業期的資金有限，那就要將有限的資金投入你的IP打造。要嘛投在品牌上，要嘛投在技術上，要嘛投在大資料運營上，你的支點變得愈來愈穩固，你的護城河才會變得愈來愈寬。

以淘寶為例，淘寶構築的「護城河」已經足夠寬廣，從過去的技術優勢慢慢變成了品牌和用戶忠誠度優勢，擁有海量的用戶群體。此時，如果有創業者提出「我要走淘寶的老路，再造一個淘寶」，基本屬於癡人說夢。你應該再造的不是淘寶，而是新的支點，走唯品會和拼多多的路。

找到指數型增長的關鍵節點

創業從來都是一件極其複雜的事情，從尋找問題、挖掘祕密、建立反脆弱的商業結構，到組建生物態創業團隊、雕琢產品、讓客戶帶來客戶、實現指數型增長，要做的事情本就千頭萬緒。一個創業者的精力和時間是有限的，即便你真的不管任何生活瑣事，廢寢忘食地將全部精力投入創業之中，你的一天也只有24小時。如果你什麼都想兼顧，往往什麼都做不好，還容易讓企業錯過最關鍵的飛速發展期。

在樊登讀書的發展早期，由於產品並不完善，我每天都能收到來自五湖四海的用戶的回饋。比如，由於網路原因，無法完整收聽音訊；彈跳式廣告品質不好，影響體驗；新產品跳票，無法如約上市……如此這般，五花八門。如果我每收到一個用戶的回饋就讓人立刻處理，那麼整個團隊就是在不斷地「打補丁」，也不可能實現指數型增長。

幸運的是，我在此之前恰好讀過哈佛公共健康學院教授阿圖．葛文德寫的《清單革命（清單革命：不犯錯的祕密武器〈繁中版〉）》，這本書給我帶來了很大的啟發。所謂清單，是指「檢查清單」，這是一種列出工作流程、要點、注意事項的工具，能夠為你的大腦搭建起一張「認知防護網」。

在阿圖・葛文德看來，當一件事情的複雜程度已經完全超過了個人的能力時，你必須學會用清單管理你的時間，找到關鍵的管理節點進行管控。也就是說，創業者應該找到當下的關鍵節點，並加以解決，這才是你最應該做的事情。為了說明關鍵節點的重要性，阿圖・葛文德在《清單革命》一書中講述了下面這個故事。

巴基斯坦第一大城市喀拉蚩有很多貧民窟，在很長的一段時間裡，由於沒有良好的排水系統，貧民窟裡污水橫流，導致當地居民患腹瀉、肺炎的人數比例居高不下，很多孩子在出生後不久便因此夭折。

這個情況引發了大眾和有關專家的普遍關注，有的專家建議重修排水管道，主管部門卻無力承擔此項工程所需的巨額費用；有的專家提議將這些居民遷移到其他衛生條件良好的地方，此舉更為勞民傷財，被大家一致否決。這時，有位專家別出心裁地想到了一個好辦法——去找實驗公司贊助肥皂，每個星期給每戶人家發放一塊。

實驗公司很願意提供這些肥皂，這相當於用極低的成本進行了一次品牌宣傳，而貧民窟的居民也願意領用肥皂，畢竟不需要自己掏錢就能改善衛生條件，何樂而不為？一段時間之後，貧民窟的居民們便養成了飯前便後要洗手的好習慣。

一年後，專家們驚喜地發現，喀拉蚩貧民窟居民患腹瀉的人數比例比之前下降了52％，患肺炎的人數比例也比之前下降了48％。一個看似極為簡單的舉措，為何能產生如此巨大的實際效果？原因在於這位專家找到了問題的關鍵節點。

如果要自上而下由政府來改變當地的衛生狀況，可能是一件非常困難的事情。但這位專家選擇了一種極為巧妙的方式，讓當地民眾自發養成了講衛生、勤洗手的習慣，進而產生了「四兩撥千斤」的效果，改變了貧民窟的整體衛生狀況。

製作清單的目的就是要不斷觀察清單中的所有流程，看看哪些事情是與公司發展前景密切相關的關鍵節點，應該受到足夠的重視；哪些事情看似重要，但在人手有限的情況下，可以緩緩再做。找到關鍵節點，是一個公司能夠出現指數型增長的前提和關鍵。否則，即便你的公司看起來十分忙碌，每個員工似乎都十分努力，每天有做不完的事情，整個團隊的發展卻很有可能依然十分緩慢，隨時可能遭遇不確定的風險。

因為明白關鍵節點的重要性，我也為創業初期的樊登讀書列了一份清單，最後發現關鍵節點是二維碼系統。有了它，樊登讀書才能發展愈來愈多的會員，企業的現金流才會有保障，才有能力去解決更多問題。

於是，我跟小夥伴們一再強調：「我希望大家能將力量集中在一個點上，就是供用戶推廣的二維碼系統。你們先把別的工作放在一邊，集中精力把二維碼系統做出來。系統再不好用，我都不會怪你們，所有的壓力和罵聲都由我來扛，你們要做的只有一件事──開發二維碼系統。」

在那段時間裡，我每回去上海和小夥伴們開會時，只問他們與二維碼有關的事情：「二維碼系統做出來了嗎」、「能不能分享」、「分享能不能收錢」、「能透過二維碼找到轉發的用戶嗎」……不得不說，小夥伴們相當能幹。在不到兩週的時間裡，他們就拿出了一整套比較完善的二維碼系統，樊登讀書也終於有了源源不斷的現金流。

由於我的這個決斷，樊登讀書確實在那時收到了很多用戶的差評，說是用戶體驗差，回饋的問題都沒有得到及時解決。不過當時的情況已經不那麼緊急了，因為我們手裡有了收入，就能更加從容地去解決其他問題，比方說提升音訊播放的流暢度和提高用戶體驗，並在全國範圍內尋找最合適的代理商。

在接下來的每個發展階段裡，我都會列出新的清單，不斷從中尋找當前階段的關鍵節點，集中精力加以解決。現在看來，正因為對各個階段關鍵節點的準確認知和迅速拿下，才有了後來呈現指數型增長態勢的樊登讀書。

創業者如果不能及時找到當前階段的「關鍵節點」，便很容易陷入焦慮，覺得每一個問題都需要解決，每一個風險都可能放大，每一件小事都是大事，這樣一來，你的公司就會永遠止步不前。要知道，在創業階段，你根本等不到一個萬事俱備的時候。我建議大家最多以兩週為一個界定週期，找出接下來兩週內公司的關鍵節點，主攻這個方向，並一定要得到結果。即便這個結果並不如人意，也能讓你知道某個方向並不可行，並及時調整。

搭建跨部門的增長小組

在2016到2017年度，樊登讀書的業績增長了28倍；在2017到2018年度，放緩到了不到10倍。我並沒有覺得自己在2016年比2017年更努力，或者知識付費領域的熱度更高。按照指數型增長的模式，創業公司體量愈大，增長得應該愈快才對。究竟問題出在哪裡？

我覺得是想像力出了問題。付費用戶從10萬快速增長到100萬的場景，我們可以想像；而從100萬發展到1000萬，我們就不敢想像了。因此，樊登讀書從上到下，不自覺地放慢了前進的腳步，大家把注意力更多地放在了標準化、流程化、規範化這些傳統指標上。公司的辦公面積愈來愈大，人愈來愈多，規定和流程也愈來愈多，但把目光緊緊盯在增長這件事上的人卻不多了。

傑克・威爾許在《商業的本質（從管理企業到管理人生的終極MBA：迎戰劇變時代，世紀經理人傑克・威爾許的重量級指南〈繁中版〉）》一書中說：「一個公司裡CEO最重要的職責只有一件，就是增長。」拓展新客戶、開拓新業務、進入新地區、招聘新員工……企業的每一個舉措無一不是為了增長，就連開除員工也是為了增長。當創始人把增長的方向放在第一位的時候，企業才會形成一股勁兒，創造奇蹟。

2016年，樊登讀書的業績增長了28倍，現在回想起來還是有些激動。為了重現當年的指數型增長，樊登讀書需要另一本書的指導，這次是西恩・艾利斯和摩根・布朗合著的《增長駭客：如何低成本實現爆發式成長（成長駭客攻略：數位行銷教父教你打造高速成長團隊〈繁中版〉）》。我在樊登讀書講這本書的時候，用了一句話來概括：「企業的下一個增長方向應該取決於資料，它決定了你該做什麼事，不該做什麼事。」而數據從何而來？來自《增長駭客：如何低成本實現爆發式成長》一書中所說的增長小組。你要讓增長小組圍繞各個指標進行實驗，時刻監控實驗資料，並對此做出回饋。

①搭建跨部門、跨領域的增長小組

打破公司現有的穀倉式管理結構，搭建一個又一個增長小組。小組裡應當有深刻瞭解企業戰略和目標的人，有能夠進行資料分析的人，也需要能夠對產品的設計、功能或行銷方式進行改動，並透過程式設計測試這些改動的工程師。它可以是四、五個人的小團隊，也可以是上千人的大團隊。但不論規模大小，增長團隊中應包含以下角色：增長負責人、產品經理、軟體工程師、行銷專員、資料分析師與產品設計師。

所有的增長小組都不能由單一部門的人員構成。如果你想在市場方面有一個增長的行動，絕對不要從市場部挑三個人組成一個增長小組，因為他們一定會遇到財務部、技術部、產品部的阻力。增長小組一定是跨部門的，當你找到一個增長可能性，你要在公司內部宣布，我希望找到各個不同部門的人參與公司增長小組的活動，這時你會發現年輕人的動力就會被激發出來。

我之前不太懂跨部門、跨領域的重要性，讓技術部門的小夥伴們背了很多「黑鍋」，現在想來很不好意思。跨部門合作，意味著這個專案中既有懂技術的人，又有懂市場的人，也有做客服的人，還有分會和通路的人。只有將這些人聚到一起，讓他們為同一個指標獻計獻策，才能靈活、機動、有成就感地改造我們的產品。

除了團隊內部的人員組建，增長團隊必須獲得創業者的大力支持，因為增長團隊往往需要抽調人力或其他公司資源。如果沒有明確且堅定的高層意志，那麼增長團隊的行動將會處處受阻。同時，增長團隊應有向你直接彙報工作的彙報制度與通道，以確保較高的溝通效率。

②針對具體指標進行增長實驗

接下來的事情就簡單多了，每個增長小組針對專門的一個或幾個指標進行增長實驗；時刻監控資料，快速設計對策並實施，一兩週之內就能看到有沒有效果。如果有效，那麼就大面積推廣，無效就趕緊進行下一個實驗。

樊登讀書在組織內部設立了一個專門的增長群，裡邊經常會有人拋出各種假設。有一天，我看到了這樣的假設：假如樊登老師在每一本書後邊都發表評論，會不會對會員讀書的活躍度產生影響？

當這個假設被拋出來之後，公司內部立刻組建了一個增長小組，並開始做實驗。實驗的內容是在每次發布新書時，把我的一條評論置頂，然後統計點讚量。第二天晚上，這個增長小組就統計出了結果：我的評論在一晚上有40萬次的點讚量，書籍閱讀量大幅上升。有了這個資料支援之後，我們便將立刻推廣這個舉措，效果很好，屬於一次成功的增長實驗。

當你發現一個實驗取得成功之後，就趕緊把它推而廣之，即便實驗不太成功也不用沮喪，調轉方向，再做下一個實驗就好。天下武功，唯快不破，經過無數次快速的實驗，你手中掌握的技術和增長手段就會愈來愈多。

憑藉這樣的方法論，Facebook、Airbnb 這些公司實現了每個月5～6倍的增長。中國每年也都會有在幾年時間內銷售額突破幾十億的巨型獨角獸企業誕生。

逆水行舟，不進則退。道理聽過無數遍，人有時候就麻痺了。多少固若金湯的企業，在轟然倒塌後才發現，所謂的固若金湯，不過是自己的幻覺。持續關注一件事，久了難免會疲憊、懈怠、喪失警惕，那往往是因為你還沒意識到它到底有多重要。

對企業來說，「指數型增長」就是這樣一件關乎生死存亡的事情，持續地關注增長、實現增長才是保持前行的發展之道。

在本書的最後，送給大家一句話：唯一限制我們的，是我們的想像力。

LOW-RISK ENTREPRENEURSHIP

附錄

低風險創業項目路演精選

每回課程收尾時，我都會留出專門的時間進行創業項目的路演（Roadshow，促進投融資的重要活動），由我和其他創業領域的知名人士加以點評，希望能以自己的微薄之力，切實幫助創業新人，讓他們能夠走得更快更穩，風險更低。在此，我特意收錄了3個創業項目的路演實況，與大家分享。

① OSMART——黃偉頌

▼路演實況

黃偉頌：大家好。我本人是急救行業出身，今天想要跟大家分享的也是一個關於急救保障的項目——OSMART。

目前有很多人的身體長期處於亞健康狀態，晚睡、菸酒成癮、過度疲勞、壓力太大、暴飲暴食、睡眠不足、超負荷用腦……這一系列問題導致我們的身體極容易出現突發狀況。然而，基本急救技能在中國的普及率不到1%，很多人在需要急救時得不到任何幫助。

猝死是心因性疾病最極端的一個表現，跟過度慢性疲勞症候群息息相關。相關調查表明，年齡在23～45歲的都市人群中，20%左右都有猝死風險。如果按上海約3000萬的人口總量來算，就有約600萬人處於猝死的風險之中。

我們經常說，你永遠不知道幸福和意外哪個會先來到。如果意外發生時，你身邊沒有具備急救技能的人，那麼唯一的選擇就是打急救電話。比如現在全中國一線城市120的平均到達時間是15分鐘，而心臟驟停的最佳急救時間是4分鐘。結果如何，大家可想而知。

為了降低自己或身邊親人發生意外的風險，我相信很多人都願意花錢學習專業的急救技能，而這正是OSMART在做的事情。

OSMART 創立的初衷有兩個，一個是致力於改變中國的基本救護環境，另一個是為20%的國人提供高品質的救護保障。我們是幾家國際機構在中國的認證機構，也可能是國內唯一一家擁有多項國際急救技能認證的機構。與此同時，我們參與了非常多國際賽事的現場保障工作，在2016年，我們用2分14秒救活了一個心臟驟停的運動員。

我們能為社會提供得到國際認證的高品質急救技能課程，也設計了相對完整的急救應急響應機制，能夠為包括公共環境、活動和賽事在內的各類場合和項目提供急救保障。另外，我們還設計了一套比較完善的急救教練培訓教程——TTT教程，可以迅速培養高品質的急救教練。

OSMART 對應的資源模型包括線上和線下兩個方面。線上方面，我們希望製作一些音訊或影片課程，進行普及型教育。舉個例子，我們目前正在設計一套《隨身急救寶典》，用戶只需花很少的錢，就可以買到一套隨時隨地可以閱讀的急救寶典。當然，如果遇到一些極端情況，該尋求專業救護的還得尋求專業救護，但是對於日常急救，你隨時都可以在《隨身急救寶典》中找到非常精準、清晰、完整的方法。

此外，線下方面我們也希望組建一些合作同盟，做好急救普及。我們還會安排更多的公益活動，包括賽事和一些公共場所的救助安排。

最終，我們希望在兩年之內打造一個「一鍵呼救平臺」，這個平臺是著眼於大眾的。大家只要在手上或者身上安裝一個SOS智慧裝備，遇到任何突發急救問題都可以一鍵求助，求助信息發出後，離你最近的急救力量能在最短時間內來到你的身邊，為你提供專業的急救幫助。

OSMART目前融資的股權稀釋比例是15%~20%，我的股份占比是34%，10%是員工持股，我的搭檔占56%。

謝謝大家。

▼專家點評

唐錦：我問一下，您的公司是公益組織嗎？

黃偉頌：不，我們是典型的商業組織。

唐錦：我覺得項目特別好，我知道業內有一家類似的公司做得很大，叫第一反應。

黃偉頌：對，我們跟它是合作競爭關係。每年的上海馬拉松，我們兩家都在同一個指揮中心，之前說的那個急救案例，就是我們在2分14秒之內合作完成的。

唐錦：那你以後打算如何超越第一反應？

黃偉頌：第一反應的商業模式跟我們不太一樣。他們更加注重透過參與一些賽事活動的急救來擴大市場影響力，也會在社區布置一些基礎救護設備。

而我們從一開始就是以技術導向為主。我們更加注重技術研發，更聚焦於技能培訓。隨著人們對生活品質的要求不斷提升，很多旅遊、戶外活動或親子運動的場所，離城市的基礎救護設施比較遠，他們需要擁有一些急救的專業技能，以防不測。我們會有針對性地為具有不同需求的人群提供專業的解決方案，而不是提供急救設施，這就是我們和第一反應不一樣的地方。

唐錦：你們現在的團隊有多少人？第一反應的團隊有多少人？

黃偉頌：我們現在是6個人。他們有22個人，已經完成了第二輪融資。

唐錦：好的，我沒有其他問題了。

黃偉頌：謝謝。

戴詩文：我們曾經投過一個跟心肌梗塞相關的項目，它是用質譜分析的方法去預測心肌梗塞的風險。現在有心肌梗塞風險的人愈來愈年輕化。有些人看起來並不胖，但是膽固醇和血脂都很高，心肌梗塞的風險自然也高。所以，我覺得這是一個非常值得關注的族群。

但是，我們投的那個項目存在一個很大的問題——大眾認知不足。很多年輕人並不知道自己存在這種風險，因此，那個專案可能需要一個很長的市場培育期。

黃偉頌：對。這個市場確實需要培養。很多人並沒有這樣的認知，但有時風險就這麼發生了，也釀成了很多慘劇。

戴詩文：針對你的這個專案，我有一個問題，你們是否需要相關牌照？

黃偉頌：要。

戴詩文：取得牌照的門檻高嗎？

黃偉頌：不是很高。但是，我們已經持有的技術認證牌照確實存在蠻高的門檻，這也是我們的祕密所在。

戴詩文：你們現在的商業模式分To B和To C兩種嗎？

黃偉頌：說實話，我們目前的商業模式並不是非常清晰。但我希望To B和To C都做。To B就是為一些賽事或者公共活動提供急救保障。而To C的部分則是透過網路普及急救常識，希望讓更多的人知道急救的重要性，這種課程的定價是99元人民幣。而在你認識到這件事的重要性之後，如果想要學習一些專業技能，費用就會高一些，定價為1200元人民幣。

戴詩文：我建議你們To C的課程免費。

黃偉頌：謝謝您的建議，我們回去討論一下。

霍中彥：我順著剛才的這個問題再多問幾句。你們1200元的課程賣得怎麼樣？

黃偉頌：賣得不太好，有愈來愈多的人覺得一些急救常識挺重要，但是讓他們花錢學一些專業的急救技能，他們覺得緊迫性還沒有那麼強。

霍中彥：對，這基本上驗證了我們之前的一些觀察。我們之前投過很多知識付費和線上教育專案。剛才在聽你說到定價1200元的課程時，我的第一反應是這個課程可能賣得不好。因為很多人並不需要成為一個急救專家，他只需要在出事時有人提供幫助就可以了。所以我建議，你們是不是可以出一本書？透過書來宣傳急救知識，同時也可以進行品牌露出和市場培育。

黃偉頌：對，您說得很對。我的初衷就是希望大家能夠更多地獲取急救知識，像我剛才提到的未來會在線上推廣的《隨身急救寶典》，也有進行線下實體出版的打算。

霍中彥：其實線下的可操作性會比線上更強一些。比如，保險公司特別不希望它的用戶出意外，就有可能每年向你採購幾萬本發給用戶，這也是一個方法。

另外一個問題是關於你的路演的。你說你想要改善中國國內的急救大環境，但這不是你們一個企業能做到的事。我見過特別多的項目，確實找到了一些痛點，但是給出的解決方案卻是宏觀層面的事情，這是創業企業應該避免的。

黃偉頌：確實如此。很多投資人在跟我們接觸之後，都會問我們這個問題，但我覺得，既然現實還存在不少問題，那其實就是我們企業的發展空間。

樊登：我比較擔心的是如果你的急救員去給別人急救，結果沒救活，會不會引起訴訟？

黃偉頌：國家已經頒布了相關法律（這裡指的是《中華人民共和國民法總則》第一百八十四條，因自願實施緊急救助行為造成受助人損害的，救助人不承擔民事責任。——編者注），現場施救，無論結果好壞都是免責的，所以我每天都會背著急救包。

樊登：大家都很好奇裡邊放了些什麼東西。

黃偉頌：這是我自己設計的，叫做城市隨身包，裡邊放的是基本救護的一些器具，如果我發現有人需要急救的話，我可以透過它來完成一些最基本的救護，幫助對方爭取轉移時間。這個包是根據急救的元素來設計的，用起來很方便。

樊登：我覺得你們應該趕緊投這個專案，因為樊登讀書有打算跟他們一塊合作。

黃偉頌：謝謝您。

樊登：其實我比較認可你的想法，我也認為商業組織完全可以做這件事。那些1200元錢的課程之所以賣不掉，很重要的一個原因是沒有人專門幫你去賣。如果你將急救活動和牙科診所或者銀行結合起來，裂變出成千上萬個像樊登讀書這樣的分會，就能夠把事情做大。

我們的每一家樊登書店，每週都可以開急救的課程，每一個分會也都可以組織專門的急救活動，由我們聯合為他們頒發急救的相關認證。最重要的是，我會講一本關於急救的書，來專門推動這件事。

你說的最後那件事，我特別感興趣，就是做一個一鍵呼救的智慧裝備。雖然從短期來看，學會急救的相關技能可能掙不到什麼錢，但如果附近有人喊救命，你就可以跑過去救他。我相信，很多人都會有動力來做這件事情，這就是你的MTP——宏大的變革目標。我覺得，只要透過你的智慧裝備，一年救活三、五個人，就是非常了不起的成就。所以，我下一步會讓樊登讀書跟你對接。如果你覺得有比較適合的書，就告訴我，我們一起來講；如果沒有，你們就寫一本，我來幫你講。

黃偉頌：謝謝樊登老師。我們OSMART運作了兩年，其實走得非常艱難。

樊登：你覺得艱難，很大一部分原因是你不會掙錢。在我看來，你的商業模式特別清晰、簡單，可以透過三條路來掙錢。第一，你可以發展代理商掙錢；第二，你可以透過To B的模式輸出課程掙錢；第三，你可以透過To C的模式發證掙錢。

給你提個醒，接下來你們的人手肯定不夠用。你才6個人，到處搞活動肯定不夠。你接下來需要做的事情，最關鍵的就是把品牌的專業度塑造起來，然後透過大量的急救學員去賣你們的急救包。中國在這方面的市場真的太大了，很多家庭到現在都沒有急救包，也不知道怎麼用。早年我在央視的時候，做過關於紅十字會急救的節目，所以有人送了我一套，但也將近十年都沒有更新了，裡面的東西可能都壞了。

黃偉頌：過期了要換。

樊登：對，需要定期更換的。我們要共同努力，把這件事推動起來。你們以後的 Logo 就可以定為小紅包，把小紅包做成你們的視覺化標誌。有急救需求的人，只要看周圍有人帶著小紅包，就知道可以向他尋求幫助。

黃偉頌：謝謝樊登老師。

唐錦：我再補充一句，我覺得你比第一反應有潛力。第一反應是公益組織，它的基因決定了它沒法特別商業化。你本來就是商業公司，所以你有基因優勢，能比它做得更大。

黃偉頌：謝謝，謝謝大家。

②煲仔時光——呂正磊

▼路演實況

呂正磊：大家好，非常感謝大家在百忙之中來參加我們的路演。我們的品牌叫「煲仔時光」。「煲仔」代表了主營業務的品類，我們主要做的是煲仔飯；「時光」兩個字，則代表了我們對情懷的追求，我們希望速食行業也能稍微「慢」一些，顧客們能夠慢下來，細細品嘗我們提供的美食，而食材的烹製方法也需要時光來沉澱。

先來說一下我們的歷史。我們創立於2001年，在煲仔飯這個領域已經沉澱了18年。我們之前叫「玉華煲仔王」，由我母親在安徽六安創辦，後來由我接手。我是學行銷出身的，做餐飲也有9年時間了。2018年7月，我將品牌的名字變更為「煲仔時光」。

從2011年到2018年，我們在六安開了2家臨街的分店，每家分店的投入都比較少，在平均80平方公尺的店內，我們可以將員工數量控制在4個左右，這是我們的一大優勢，也就是「人效（每人產出的年營業額）」高。業內很多餐飲企業比較看重平效（每平方公尺營業面積上產出的年營業額），但我們和同行們比拚的是人效。按照六安模型，我們在四線城市的人效是2.5萬到3萬之間。2018年9月，我們正式進入上海市場。

我們的MTP是讓全球認識中國的煲仔飯，讓10萬人因為這個事業獲利。和樊登讀書相比，可能我們的MTP還不夠大（笑），但在煲仔飯市場上，這已經是一個非常宏大的變革目標了。我們致力於成為中國煲仔飯速食的第一品牌，在中國的餐飲市場中，煲仔飯這個品類裡還有湖南中部的「香他他」和「米食先生」、華北區域的「仔皇煲」和華東地區的「谷田稻香」，其他品牌的影響力都不大。從這個角度看，我們有著非常大的市場空間和想像力。

煲仔時光的祕密在於中央廚房，它是我在供應鏈方面最大的優勢。這個中央廚房由新加坡和美國共同出資建設，單在設備這一塊，就已經投了五六個億，目前是國內最先進的中央廚房，海底撈和麥當勞都是它的合作夥伴。煲仔時光和中央廚房簽署了一個協議，在未來它會成為我們的股東。

此外，我們主打的差異點是「三更」。第一個「更」是更多選擇，我們不僅賣煲仔飯，還會搭配一些不斷更新反覆運算的煲仔菜。煲仔飯是我們永遠的主線，不會輕易偏離，在此基礎上，我們會讓客戶擁有更多的選擇。

第二個「更」，是指更低價格。現在市面上的很多煲仔飯餐廳，定價普遍比較高，一頓飯下來，客單價在100元人民幣左右，對速食來說，這個價格是比較高的。我們會將價格區間拉長，讓煲仔飯成為大眾都能承受的一種速食選擇。

最後一個「更」是更快速度。因為烹製的時間比較長，其他煲仔飯品牌的平均出品時間在半個小時左右，而我們能確保10～15分鐘的出品速度。

我們主要的客戶族群是職場精英。在我看來，這些人大多喜歡加班、具有一定的審美能力，追求均衡、環保的生活方式，愛運動，也希望生活中能有更多的儀式感。我們致力於為客戶提供放心可口的餐食，「讓客戶放心」在我心中永遠是第一位的。我們用的米是黑龍江的五常稻花香，水是大別山的優質水種——剮水（「剮」為去除的意思，是大別山區民間方言），油是非基改油。這些東西會直接有助於人體健康，所以我極為看重。

一直以來，我不斷向我們的員工灌輸：「我們做的東西一定要讓孩子能吃。」這是我們的社會責任，也是我們的立店之本。我們的價值觀是尊重、信任、感恩、奉獻、積極、進取、正念、利他，這是我們整個公司組織文化的核心。

我們現在只有六安的一個成功模型，剛剛進入上海市場，還沒有非常成熟的經營模型。若是在二三四線城市的話，煲仔時光的綜合毛利率是65%～70%，在業內擁有不錯的議價能力，但在一線城市的毛利率現在還不好說。

在股權結構上，是由我個人完全控股，融資需求為1000萬人民幣。我們的加盟商和託管方在未來都可以成為我們的股東，內部員工也一樣。

我們堅信好米好水煲好飯，願意用每一份優質的食材和對品質的堅持，為您煲一碗記憶最深處的味道。謝謝。

▼專家點評

霍中彥：你之前提到了幾個競品，和它們相比，你覺得煲仔時光最大的變數是什麼？

呂正磊：行業第一叫谷田稻香，它的主營品類是瓦鍋飯。瓦鍋飯和煲仔飯其實是兩個完全不同的品類。瓦鍋飯講究菜飯分離，而煲仔飯有一個焗的過程，這是從客家菜借鑑過來的烹調方法，以湯汁與蒸汽為導熱媒介，將經過醃製的食材或半成品加熱至熟而成菜。透過這個過程，米飯會裹上菜的香味，這是煲仔飯和瓦鍋飯的核心差異點。

霍中彥：你用什麼來確保未來的連鎖規模化經營？

呂正磊：我們完全不依賴大廚，任何一個人都可以經過短短幾天的培訓學會製作煲仔飯。所有的原料都是從工廠運輸過來的，整個加工工藝做到了最簡化。在正常情況下，我們的一個廚房只需要一個人燒飯、一個人配飯，最多再加一個人燒飯，極其簡單。

湯文靜：我也是餐飲業出身，問你一些技術上的問題。你的原料會在工廠加工到什麼程度？

呂正磊：我們主要的原料裡邊有生的，也有半熟的。生的就是醃製好了，半熟的大概炒至六七成熟。

湯文靜：你們單份出品的平均時間是多久？

呂正磊：10分鐘。顧客在點完單之後，只需要等10分鐘就能吃上熱騰騰的煲仔飯。

湯文靜：你們內用和外賣的比例大概是多少？

呂正磊：我們廚房的平面設計主要圍繞內用展開，外賣的比例控制在30％以下，再高就會干擾內用，那我不如在附近再開一家外賣店。

湯文靜：在你的菜單裡，除了煲仔飯，其他的菜品大概有多少？

呂正磊：我們的主打品種是菜和飯。在目前上海的幾家門店中，煲仔飯是10款，煲仔菜是4款，涼菜有2款，湯也是2款。

湯文靜：我們大多數人的飲食習慣就是以米飯為主。但是煲仔飯這個品類，其實在中國很多地區的人群中，接受的比例並不高。中餐的地域性差異非常大，米飯也有各種不同的吃法，你剛才說瓦鍋飯和煲仔飯的區別，還需要專門去做市場教育，否則沒幾個人清楚。

所以，在我看來，谷田稻香和你之間的差異，可能不在於產品本身是瓦鍋飯還是煲仔飯，而是在它的視覺化上，它在實體店面端、通路、品牌這些方面做到了行業第一。

此外，你剛才提到你們基本都是做線下實體店面，嚴格控制了外賣的比例。那麼只談

「人效」肯定是不夠的。只要你做線下管道，不談平效就是「耍流氓」，所以還是要談談平效。但你的平效只做了六安的模型，這肯定不夠。

餐飲這個行業，從投資人角度來看，只要換一個線級城市，比方說從六安到南京這樣的二線城市，或者北、上、廣這樣的一線城市，你的模式就不成立了。你必須證明，煲仔時光的盈利模式在上海或北京也能成立，投資人才會認為你能夠做全國性品牌，不然就沒戲。

餐飲產業擁有非常大的市場規模，現在是4萬億，未來可能會到5萬億，甚至更高。但它是一個紅海產業，人人都可以開個小飯店，賺點小錢。在4萬億面前，你即便一年掙了幾百萬、幾千萬，可能都沒人知道。但是你如果要做成一個全國性的品牌，就像你說的「讓全球認識中國的煲仔飯，讓10萬人因為這個事業獲利」，就要回答我剛才的這些問題。這些都是非常基礎的問題，供你參考。

另外，我給你出個主意。你回去想想看，煲仔飯有沒有商品化的可能，就是把它變成一種可以零售的商品。現在有一種自加熱技術，消費者買回去之後，只要掀開蓋子等幾分鐘，就能吃上熱騰騰的飯菜。像四川的蓋飯、臺灣的牛肉飯等都可以透過這種方式做零售，甚至我還看見過自加熱的火鍋。你可以回去想想，有沒有可能提供一種解決方案，這裡邊其實有大量的可能性，我們下回再討論。

呂正磊：好的，非常感謝您的建議。我其實也是在邊摸索邊幹，等我上海的盈利模式出來之後，一定請您再來指導一下。

樊登：我在坐南航飛機的時候，如果趕上飯點，機組人員會提供煲仔飯。但我基本上每次都點不到，因為煲仔飯總是被頭等艙的人先選掉，剩下給我們的選擇就是那些普通的飯菜。我就不明白，大家為什麼都那麼愛吃煲仔飯（笑聲）。我們今天在座的幾位評委對餐飲行業都比較有研究，你有機會可以跟他們多聊一聊。

呂正磊：好的，謝謝樊登老師，也再次感謝各位評委老師。

③榴槤蜜烤——孫新橋

▼路演實況

孫新橋：大家好，我是榴槤蜜烤的創始人孫新橋，也有很多人親切地叫我「榴槤哥」。在我路演之前，我想先感謝一下樊登老師。因為我一直在聽樊登老師講的書，感覺自己的進步應該是比較大的。作為一個普通人，我能走到今天，完全是因為自己不斷地學習和打破固有的邊界。沒有樊登讀書，我肯定無法取得今天的一點成就，也沒辦法到這裡來做我人生中的第一次路演。

榴槤蜜烤是我自主創辦的品牌，也是第一個告訴世界「榴槤也可以烤著吃」的品牌，主營產品就是我獨家研發的烤榴槤。我們致力於為全世界的「榴槤控」們提供擁有極致口感的榴槤產品，做「榴槤控」們最喜歡的榴槤品牌，打造全球首家「榴槤控」們的便利店，我們只服務於「榴槤控」們。目前，榴槤蜜烤在全國範圍內已經開了80多家門店，主要分布在華北、東北、西北和西南地區，我老家山東最多，有將近40家門店。

榴槤蜜烤首創了「社群實體店」的運營模型，打造了中國最具號召力的「榴槤吃貨社群」。我們的MTP非常宏大，要「讓1億中國人吃上好榴槤」。我認為我們有機會成為榴槤產品零售業的領軍品牌。

很多人都問過我：「你為什麼要做榴槤？」我的答案是因為榴槤的特殊性。榴槤是業界公認的「水果之王」，具有極為特殊的香氣和口感，營養價值也很高。一般人在看到榴槤之後，普遍會有兩種反應，一種是對榴槤極其熱愛，吃了以後上癮，會經常買榴槤，我將這種人稱為「榴槤控」；另一種是很不喜歡，一看到榴槤，或者聞見榴槤味兒，就想離遠點，甚至看見周圍有人在吃榴槤也受不了：「你去陽臺上吃，把榴槤拿遠點。」

正是因為榴槤的這個特性，我們很容易識別用戶和非用戶。你如果是「榴槤控」，就是我的用戶，反之，則不是我的用戶。就是這麼簡單。對於「榴槤控」這個族群，我的定義是高顏值、高收入、高氣質、愛自由，再一個就是特別積極。這個人群具有特別強的自我裂變能力，只要你經常跟「榴槤控」在一起聊天，他們很快就會拖著你嘗試一下我們的產品，幾次之後你就會變成「榴槤控」。

現實中存在這樣一個問題，很多「榴槤控」買不到好榴槤，這就是榴槤蜜烤的存在價值，也是我們找到的問題。什麼才是「好榴槤」？在我看來，只有原產地成熟的榴槤才是好榴槤。大家在水果店裡或者電商平臺上買到的榴槤，99％都是催熟的。因為榴槤成熟之後果肉比較柔軟，不方便遠端運輸，所以業界通行的辦法，就是將還沒有完全成熟的榴槤摘下來打包，先運到庫房再進行催熟。市面上的絕大多數榴槤，尤其是表皮裂口的那種，微生物含量很可能嚴重超標。因此，如果大家想吃健康的榴槤，找榴槤蜜烤就對了。

除了健康的考慮，榴槤的口感也很重要。熟透的榴槤細膩香甜，口感、甜度、香氣和特殊的味道，能夠帶給「榴槤控」們無法比擬的幸福感。在這一點上，催熟的榴槤完全無法與之競爭。這也是在榴槤蜜烤出現以後，用戶黏性普遍比較高的原因所在。

我們主打的經營模式是「社群實體店」。簡單說來，就是透過微商的方式做線上，利用微信群獲取並積累大量的精準用戶，不斷維護用戶關係。透過這種經營模式，我們能保證加盟商可以先有用戶再開店，開店就能賺到錢。

這是一種經過價值假設驗證的經營模式。我在開第一家實體店之前，就是擺攤賣烤榴槤，一份一份地賣，每賣出一份就加一個用戶的微信，透過微信跟用戶保持長期互動，並把他們拉進我們的社群。一個月下來，我們的社群就積累了將近2000個粉絲，這給了我極大的肯定和繼續前行的勇氣。

到了第二個月，我就打算開一家實體店專門賣榴槤產品，這也是榴槤蜜烤的雛形。前期資金從哪裡來呢？我在社群發起了一次群眾募資活動，很快就籌到了6萬塊錢人民幣，將實體店開了起來。說到這裡，我還要特別感謝一下樊登老師，當時群眾募資的時候，樊登老師還幫我發了一條朋友圈，很多樊登讀書的書友都參與了我的項目，非常感謝大家。

在這個過程中，我進一步驗證了榴槤蜜烤的增長假設——利用社群來做用戶關係，可以實現高回購率，並且形成用戶的口碑傳播，讓客戶為我們帶來更多的客戶，為實體店面提供強大的客流保證，讓實體店面持續湧現人潮。

在我看來，我們的祕密有以下幾個。第一，烤榴槤這個品類可以說是我創造的，而且榴槤蜜烤更懂榴槤；第二，「社群實體店」的經營模式，在我之前很少有人打通，我不敢說是第一個成功的，但起碼也是少有的幾個之一，對社群的認知，我自認為還是比較到位的；第三，榴槤蜜烤可以讓每一個門店在開店之前就獲取足夠多的用戶，只要你按照我們提供的方法來做，開店就能賺錢；第四，我們在供應鏈前端的選品也很嚴格，所有榴槤都來自泰國東部，緯度、土壤和果農的種植水準缺一不可。因此，我們能夠保證榴槤的口感。

因為提前進行了用戶積累，實體店的選址空間比較大，社區、商場和街邊店都可以。單店投資在15萬~20萬元人民幣，６到８個月就能收回成本，平效是一天２００元左右，人效是一天１０００元左右，日均營業額在３０００元左右。

２０１８年，榴槤蜜烤的發展速度比較慢，我們將很大一部分精力放在了供應鏈和模式的升級上，這為下一步的發展做了充足的準備。２０１９年，我們會開放城市合夥人加盟，希望更多的人加入我們的行列，一起拓展榴槤蜜烤這個項目的邊界，讓更多的「榴槤控」吃到好榴槤。

▼專家點評

霍中彥：我想問一下，你們計算過中國有多少「榴槤控」嗎？也就是你們的市場空間有多大？

孫新橋：我沒有做過具體的統計，但我跟用戶的交流比較多。在我的印象裡，「70後」和「80後」族群中，大約1／3的人喜歡吃榴槤，其中男士的比例是1／4左右，而女士則能占到一半；「90後」女性喜歡榴槤的比例是七八成，男士則是一半左右；「00後」基本上全都是「榴槤控」。

霍中彥：每年中國能賣出多少斤榴槤？

孫新橋：目前泰國榴槤的產量在100萬噸左右，絕大多數賣到了中國市場，泰國人都吃不上好榴槤（笑聲）。

霍中彥：按照你剛才的說法，榴槤蜜烤的榴槤在泰國就已經完全成熟了，對嗎？

孫新橋：對，我們透過冷凍的方式，將完全成熟的榴槤運到中國。

霍中彥：低溫冷藏還是高溫冷藏？

孫新橋：零下18℃以下，這裡分成兩種方式——整果和果肉。如果我們要運輸的是整果，會在榴槤成熟之後摘下放進冷凍倉庫，幾個小時之後就能急凍保存。如果是果肉，我們會現場開果取肉直接急凍，然後分裝成榴槤蜜烤的半成品運到國內。運輸的整個週期大概需要8天時間。

霍中彥：從你們的庫房發到各門店的過程，也都是冷鏈物流嗎？

孫新橋：對，全程冷鏈。

霍中彥：好的，我大概瞭解了你們的操作模式，沒有其他問題了。

孫新橋：非常感謝您。

唐錦：我問一下，你們的烤榴槤，交到用戶手上時是熱的，對嗎？

孫新橋：對，我們能保證用戶品嘗時的口感。

唐錦：那就是說，你們只能採取內用的模式，或者提供距離很近的外賣，對嗎？這個輻射圈其實挺小的。

孫新橋：對，這就是我們同城服務的邏輯。我們雖然不能提供大規模、遠距離的外賣服務，但是我們能提供烤榴槤的半成品。烤製的方法也非常簡單，只要家裡有烤箱就能完成。我們可以將半成品快遞到用戶家中，讓用戶自己烤著吃，和家人一起享受「榴槤控」的幸福時光。

湯文靜：你有沒有大致估算過，榴槤產業的市場規模大概是多少？幾十億、上百億還是千億？作為投資人，我首先會問的肯定是這個問題。也就是榴槤這個單品類的市場規模是不是足夠大？這個數字我建議你們調查得更加細緻一些。

孫新橋：好的，回頭我們再進行市場調查一下。

湯文靜：你剛才說到急凍，我覺得這是一個不錯的解決方案，它在保鮮和口感等方面，確實能解決市面上同類產品的現實問題。但是據我所知，很多線下零售管道已經在做這件事了，比如盒馬鮮生，它已經在做「枝頭鮮」這個品牌了，就是從榴槤開始做的。那麼，你們打算如何去跟這些零售端的巨頭進行差異化競爭？

孫新橋：您提到的盒馬鮮生這類巨頭，因為體量比較大，所以在品控這一端肯定無法達到我們的精細化標準。我們對品控的態度非常認真，榴槤蜜烤目前的品控水準，能夠做到在１０００份裡頭最多有3個用戶是負面回饋，也就是能夠保證99・７％的良品率。

湯文靜：我相信，你們更靠近原產地，確實能比零售商做得更專業，而且這部分是有壁壘的，主要是時間壁壘。

孫新橋：對。

湯文靜：按照榴槤蜜烤現在的運營模式，我感覺你們在榴槤這個品類上打算「從頭吃到尾」，從田間地頭直接到用戶餐桌，做全產業鏈生意。這樣一來，你們的運營模式會是重度運營。即便你們的品控很好，但不代表產業鏈上的全部環節你們都能兼顧，這很容易牽扯你的時間和精力，包括團隊和資金。關於這個問題，你們未來是怎麼打算的？

孫新橋：我們雖然確實是在做全產業鏈的項目，但是並不打算做全產業鏈的事情，因為時間、精力、財力和團隊都是有限的。在資源有限的情況下，我們的考慮是做好最拿手的事情。

什麼是我們最拿手的事情？一個是烤榴槤，另一個是「社群實體店」。我們未來會將開實體店的過程做成榴槤蜜烤的一個商品，將標準化的供應鏈流程、培訓體系和運營體系打包成商品，更快地去裂變複製。

在直營店這一塊，我們也會投入一定的精力。比如說，我們會在昆明做一個完整的直營體系，在其他城市就發展城市合夥人，讓大家和我們一起推廣榴槤蜜烤這個項目，賺到跟榴槤相關的錢。我們的運營重點還是在供應鏈、品控、產品研發和團隊管理上。

樊登：聽到這裡，我想補充兩句。我是在昆明演講時認識孫新橋的，當時他跟我說自己沒錢創業，我就問他：「你有多少錢？」他很誠實地告訴我：「只有3000塊錢。」我就問他：「你有沒有聽說過群眾募資這件事呢？」他當時很茫然地看著我，於是我就跟他講了群眾募資的相關知識。孫新橋最大的優點在於他的行動力很強，回家後他就在社群發起了群眾募資，效果也確實不錯。兩三年之後，我就聽說他已經擁有幾十家店了。所以，我覺得他是一個很有潛力的年輕人。

在商言商，我給你的建議是把你的價值鏈梳理清晰。你現在是一名商人了，你要保證每個價格點上的收益，而且你把自己的鏈條拉得太長了，這樣風險很大。只有每個鏈條都能獨立賺錢，你的反脆弱性才會提高，你的生存空間才會擴大。

還有，你以後在公開場合不要老是說感謝我，真想感謝我，送點股份就行。（笑聲）

孫新橋：好的，這件事會做的，一定會做的。再次謝謝各位評委，就不感謝樊登老師了。

（大笑）

〔19〕岛田洋七．佐贺的超级阿嬷〔M〕．陈宝莲，译．海口：南海出版公司，2013.

〔20〕黄铁鹰．海底捞你学不会〔M〕．北京：中信出版社，2011.

〔21〕里德・霍夫曼，本・卡斯诺查，克里斯・叶．联盟：互联网时代的人才变革〔M〕．路蒙佳，译．北京：中信出版社，2015.

〔22〕埃米・卡迪．高能量姿势〔M〕．北京：中信出版社，2019.

〔23〕菲利普・科特勒．营销管理（第15版）〔M〕．上海：格致出版社，2016.

〔24〕大卫・奥格威．一个广告人的自白（纪念版）〔M〕．林桦，译．北京：中信出版社，2015.

〔25〕艾・里斯，杰克・特劳特．定位：争夺用户心智的战争〔M〕．顾均辉，苑爱冬，译．北京：机械工业出版社，2015.

〔26〕乔纳・伯杰．疯传：让你的产品、思想、行为像病毒一样人侵〔M〕．北京：电子工业出版社，2014.

〔27〕罗伯特・麦基，托马斯・格雷斯．故事经济学〔M〕．陶曚，译．天津：天津人民出版社，2018.

〔28〕罗宾・蔡斯．共享经济：重构未来商业新模式〔M〕．王芮，译．杭州：浙江人民出版社，2015.

〔29〕Mark E. Mathis. Feeding the Media Beast: An Easy Recipe for Great Publicity〔M〕.Purdue University Press，2005.

〔30〕阿图・葛文德．清单革命（经典版）〔M〕．北京：北京联合出版公司，2017.

〔31〕杰克・韦尔奇，苏茜・韦尔奇．商业的本质〔M〕．北京：中信出版社，2016.

〔32〕肖恩・埃利斯，摩根・布朗．增长黑客：如何低成本实现爆发式成长〔M〕．北京：中信出版社，2018.

〔33〕萨利姆・伊斯梅尔，马隆，范吉斯特．指数型组织：打造独角兽公司的11个最强属性指数型组织〔M〕．苏健，译．杭州：浙江人民出版社，2015.

〔34〕理查德・德威特．世界观：现代人必须要懂的科学哲学的科学史（原书第2版）．孙天，译．北京：机械工业出版社，2018.

参考文獻

〔1〕柳井正．经营者养成笔记〔M〕．北京：机械工业出版社，2018.

〔2〕汤姆·凯利等．创新的艺术〔M〕．北京：中信出版社，2013.

〔3〕马丁·林斯特龙．痛点：挖掘小数据满足用户需求〔M〕．北京：中信出版社，2017.

〔4〕马丁·林斯特龙．感官品牌〔M〕．赵萌萌，译．天津：天津教育出版社，2011.

〔5〕帕科·昂德希尔．顾客为什么购买〔M〕．北京：中信出版社，2016.

〔6〕铃木敏文．零售的哲学：7-Eleven便利店创始人自述〔M〕．南京：江苏文艺出版社，2014.

〔7〕阿什利·万斯．硅谷钢铁侠：埃隆·马斯克的冒险人生〔M〕．周恒星，罗庆朗，译．北京：中信出版社，2016.

〔8〕埃里克·莱斯．精益创业：新创企业的成长思维〔M〕．北京：中信出版社，2012.

〔9〕纳西姆·尼古拉斯·塔勒布．黑天鹅：如何应对不可预知的未来（升级版）〔M〕．北京：中信出版社，2011.

〔10〕纳西姆·尼古拉斯·塔勒布．反脆弱：从不确定性中受益〔M〕．北京：中信出版社，2014.

〔11〕秋山利辉．匠人精神〔M〕．北京：中信出版社，2015.

〔12〕沃尔特·艾萨克森．列奥纳多·达·芬奇传：从凡人到天才的创造力密码〔M〕．北京：中信出版社，2018.

〔13〕埃米尼亚·伊贝拉．能力陷阱〔M〕．北京：北京联合出版公司，2019.

〔14〕麦克·哈特．影响人类历史进程的100名人排行榜（修订版）〔M〕．赵梅，韦伟，姬红，译．海口：海南出版社，2014.

〔15〕梅拉妮·米歇尔．复杂〔M〕．长沙：湖南科技出版社，2018.

〔16〕斯坦利·麦克里斯特尔．赋能：打造应对不确定性的敏捷团队〔M〕．北京：中信出版社，2017.

〔17〕阿尔弗雷德·阿德勒．自卑与超越〔M〕．杨颖，译．杭州：浙江文艺出版社，2016.

〔18〕卡罗尔·德韦克．终身成长：重新定义成功的思维模式〔M〕．南昌：江西人民出版社，2017.

用低風險創業幫助十萬個創始人（尚軍）

近期，第91屆奧斯卡最佳紀錄片獎頒給了《徒手攀岩（赤手登峰）》，該片記錄了美國攀岩者亞歷克斯・霍諾爾德的故事，他不使用安全繩和保護措施，3小時56分徒手攀登美國伊爾酋長岩。

2018年6月，我和樊登老師遊學，去過美國優勝美地國家公園。酋長岩異常雄偉，在看這個片子之前，我一直認為亞歷克斯是個超人，徒手攀岩，這是不可能的事情。看過紀錄片，我突然明白亞歷克斯徒手攀岩其實風險是很低的，因為他用了8年時間做準備，每一次攀爬都反覆演練、揣摩動作，每一塊岩石、每一個難點都精心應對、了然於胸。攀岩高手亞歷克斯不是在冒險，只是很好地控制了風險。

創業也是這樣。大多數風險其實可以得到有效控制，學習就是最有效控制和降低風險的途徑。2018年，我辭去幹了20年的工作，與樊登老師聯合創立了「十萬個創始人」，投身創業者服務，旨在打造一個創始人的學習及商業社交平臺。很榮幸組織並聆聽了樊登老師三天三夜的創業大課，內容包括從發心到執行，從發現用戶問題到建立創業者用戶思維、第一性思維、反脆弱思維、生物態思維、指數型思維等。創業始於認知，成於創新，毀於常識。創業者走過的彎路、掉進的坑、出現的失敗大多數來自這幾個方面。

我本身是創業者，也接觸了大量創業者。我們選創始人的標準有三個，誠信、開放學習、樂於助人。因為是創始人，又樂於學習，所以他們的狀態是完全打開的，很容易學到真東西，也很容易連接交往。

第一性思維，貫穿創業始終，創業的任何階段都存在第一性。昆明榴槤哥發現自然成熟的榴槤更香甜，獨創榴槤蜜烤品牌，因為符合客戶需求，所以業績增長很快，正如好專案都不需要花錢，榴槤哥花3000元人民幣創業，不到2年發展到幾十家店。上完創業課，榴槤哥明白了這符合第一性原理：從一個社會問題出發，優雅地解決了大多數水果店榴槤不香甜的問題。隨著企業快速發展，按照傳統思路，再加上主觀意識也較強，榴槤哥在沒有反脆弱設計的情況下，自掏資金開始在上海等地建設配送中心，希望保證供應。不過，壓資金、貨品周轉時間長等問題相繼出現。學習了樊登老師的反脆弱和生物態思維後，榴槤哥迅速調整，放大線上社群行銷亮點，先下訂單、先付錢，一舉緩解了資金緊張局面，全面提升了供應效率。2019年，他提出新增1000家榴槤蜜烤店的發展目標。

反脆弱思維讓我們學會擁抱不確定性，學會從不確定性中受益。南通吉時滿鮮生超市連鎖謝總，認為在生鮮超市連鎖的第一原理是傳遞愛。在學習了可複製領導力後，他帶領團隊快速擴張，1年多的時間就發展了20家連鎖生鮮超市，此時他也開始面臨其他生鮮超市的競爭。在學習了反脆弱以及榴槤哥線上社群行銷的經驗後，謝總開始將線上社群行銷與線下實體連鎖超市進行融合，旨在打造社群行銷線下連鎖生鮮超市，從不確定性中受益。謝總的能力也得到了很大的提升。

創業沒有新鮮事，我們遇到的各種各樣的難題，前人早有應對和論述。樊登老師不僅結合自己的創業專案整理出創業主線，還將各種創業書籍中的知識融會貫通，在本書中對主要創業知識點都進行了深入淺出的闡釋。我做過一個不完全的統計，樊登老師本書講述的內容涉及以下創業類圖書：《反脆弱》、《精益創業》、《指數型組織》、《增長駭客》、《零售的哲學》、《終身成長》、《一個廣告人的自白》、《零邊際成本》、《瘋傳》、《複雜》、《賦能》、《創新者的窘境》、《傳染》、《定位》、《銷售洗腦》、《故事經濟學》、《巴菲特之道》、《重新定義公司》、《創新的藝術》等。

亞歷克斯的媽媽說兒子在攀岩時最能體會生命的存在。創業也是這樣，它是一個精彩的修行過程。作為創業者，我們從感性出發，理性地分析應對，不斷增加認知，拓展格局，提升能力，不斷察覺，不斷成長，做最好的自己。

尚軍　於上海

低風險創業

樊登的創業 6 大心法

2020 年 7 月 1 日初版第一刷發行
2023 年 10 月 15 日初版第三刷發行

著　者　樊登
主　編　陳其衍
美術編輯　黃瀞瑢
發 行 人　若森稔雄
發 行 所　台灣東販股份有限公司
＜地址＞台北市南京東路 4 段 130 號 2F-1
＜電話＞（02）2577-8878
＜傳真＞（02）2577-8896
＜網址＞ http://www.tohan.com.tw
郵撥帳號　1405049-4
法律顧問　蕭雄淋律師
總 經 銷　聯合發行股份有限公司
＜電話＞（02）2917-8022

國家圖書館出版品預行編目（CIP）資料

低風險創業：樊登的創業 6 大心法 / 樊登著 . -- 初版 . -- 臺北市：臺灣東販 , 2020.07
352 面；14.7×21 公分
ISBN 978-986-511-392-6（平裝）

1. 創業 2. 風險管理

494.1　　109007441